SENTIR E SABER

ANTÓNIO DAMÁSIO

Sentir e saber
As origens da consciência

Tradução
Laura Teixeira Motta

1ª reimpressão

COMPANHIA DAS LETRAS

Copyright © 2021 by António Damásio
Copyright das ilustrações © 2021 by Hanna Damásio
Agradecemos imensamente à Harvard University Press pela permissão para publicar um trecho de "The Brain — is Wider than the Sky", retirado de *The Poems of Emily Dickinson: Variorum Edition*, organizado por Ralph W. Franklin (Cambridge, MA: The Belknap Press of Harvard University Press, 1998). Copyright © 1998 by President and Fellows of Harvard College. Copyright © 1951, 1955 by President and Fellows of Harvard College, copyright renovado 1979, 1983 by President and Fellows of Harvard College. Copyright © 1914, 1918, 1919, 1924, 1929, 1930, 1932, 1935, 1937, 1942 by Martha Dickinson Bianchi. Copyright © 1952, 1957, 1958, 1963, 1965 by Mary L. Hampson.

Grafia atualizada segundo o Acordo Ortográfico da Língua Portuguesa de 1990, que entrou em vigor no Brasil em 2009.

Título original
Feeling and Knowing

Capa
Kiko Farkas e Gabriela Gennari/ Máquina Estúdio

Preparação
Mariana Donner

Revisão
Camila Saraiva
Paula Queiroz

Índice remissivo
Luciano Marchiori

Dados Internacionais de Catalogação na Publicação (CIP)
(Câmara Brasileira do Livro, SP, Brasil)

Damásio, António
  Sentir e saber : As origens da consciência / António Damásio ; tradução Laura Teixeira Motta. — 1ª ed. — São Paulo : Companhia das Letras, 2022.

  Título original: Feeling and Knowing.
  ISBN 978-65-5921-225-5

  1. Consciência I. Título.

22-100412   CDD-153

Índice para catálogo sistemático:
1. Consciência : Psicologia   153

Cibele Maria Dias – Bibliotecária – CRB-8/9427

Todos os direitos desta edição reservados à
EDITORA SCHWARCZ S.A.
Rua Bandeira Paulista, 702, cj. 32
04532-002 — São Paulo — SP
Telefone: (11) 3707-3500
www.companhiadasletras.com.br
www.blogdacompanhia.com.br
facebook.com/companhiadasletras
instagram.com/companhiadasletras
twitter.com/cialetras

Para Hanna

A vida de uma peça começa e termina no momento da execução.

Peter Brook

Sumário

Antes de começar 13

PARTE I: SOBRE SER

No princípio não era o verbo 21
O propósito da vida 23
O constrangimento dos vírus 25
Cérebros e corpos 27
Sistemas nervosos como subprodutos da natureza 29
Sobre ser, sentir e saber 31
Cronologia da vida 36

PARTE II: SOBRE A MENTE E A NOVA ARTE
DA REPRESENTAÇÃO

Inteligência, mente e consciência 39
Sentir não é o mesmo que estar consciente
  e não requer uma mente 43
O conteúdo da mente 46

Inteligência sem mente 48
A produção de imagens mentais 49
Transformação de atividade neural
 em movimento e mente 51
A fabricação de mentes 53
A mente das plantas e a sabedoria do príncipe Charles 56
Algoritmos na cozinha 59

PARTE III: SOBRE OS SENTIMENTOS

Os princípios dos sentimentos: preparação do palco 63
Afeto 64
Eficiência biológica e a origem dos sentimentos 70
Alicerçando sentimentos I 72
Alicerçando sentimentos II 73
Alicerçando sentimentos III 75
Alicerçando sentimentos IV 78
Alicerçando sentimentos V 81
Alicerçando sentimentos VI 84
Alicerçando sentimentos VII 87
Sentimentos homeostáticos em um contexto sociocultural.. 89
"Mas este sentimento não é puramente mental" 90

PARTE IV: SOBRE CONSCIÊNCIA E CONHECIMENTO

Por que a consciência? Por que agora? 95
Consciência natural 100
O problema da consciência 105
Para que serve a consciência? 109
Mente e consciência não são sinônimos 112
Estar consciente não é o mesmo que estar acordado 115
(Des)construção da consciência 117
Consciência ampliada 120

Fácil — e a você também. 122
O verdadeiro prodígio dos sentimentos 124
A prioridade do mundo interno 126
Reunião de conhecimentos. 128
A integração não é a fonte da consciência 130
Consciência e atenção 132
O substrato é importante 134
Perda de consciência 136
Os córtices cerebrais e o tronco encefálico
    na produção da consciência 141
Máquinas que sentem e máquinas conscientes 146

Epílogo: Sejamos justos. 149

Agradecimentos. 155
Notas 157
Bibliografia suplementar 171
Índice remissivo. 173

Antes de começar

I

Este livro que você vai ler tem origens curiosas. Isso se deve muito a um privilégio de que desfruto há tempos e a uma frustração que sinto frequentemente. O privilégio consiste em ter tido o luxo do espaço quando precisei explicar ideias científicas complicadas usando o grande número de páginas de um livro de não ficção convencional. A frustração veio de conversar com muitos dos meus leitores ao longo dos anos e constatar que algumas ideias sobre as quais escrevi com entusiasmo — e as que eu mais gostaria de que os leitores descobrissem e apreciassem — perderam-se em meio a longas discussões e mal foram notadas, que dirá apreciadas. Nessas ocasiões, minha resposta íntima foi uma decisão firme, mas sempre adiada: escrever *apenas* sobre as ideias que me são mais caras e deixar para trás o tecido conectivo e o andaime destinados a estruturá-las. Em suma, fazer o que os bons poetas e escultores fazem tão bem: desbastar o não essencial e depois desbastar mais um pouco; praticar a arte do haicai.

Quando Dan Frank, meu editor na Pantheon, disse que eu devia escrever um livro objetivo e muito conciso sobre a consciência, não poderia ter previsto um autor mais receptivo e entusiasmado. O livro que você tem nas mãos não é exatamente o que ele sugeriu, pois não trata *apenas* da consciência, mas chega perto disso. O que eu não poderia antever é que o esforço de repensar e apurar tanto material acabaria por ajudar-me a confrontar fatos que eu deixara passar e a descortinar novas ideias não só a respeito da consciência, mas também de processos relacionados. O caminho para a descoberta é sinuoso, para dizer o mínimo.

Não se pode ter noção do que a consciência é e de como ela se desenvolveu sem antes tratar de algumas questões importantes do universo da biologia, da psicologia e da neurociência.

A primeira dessas questões diz respeito a *inteligências e mentes*. Sabemos que os organismos vivos mais numerosos na Terra são unicelulares, como as bactérias. Eles são inteligentes? Com certeza, e em grau notável. Possuem mente? Não possuem, acredito, e tampouco têm consciência. São seres autônomos; claramente têm uma forma de "cognição" relacionada ao seu ambiente, e, no entanto, em vez de dependerem de mente e consciência, contam com *competências não explícitas* — baseadas em processos moleculares e submoleculares — que governam sua vida com eficácia ao sabor dos ditames da homeostase.

E os humanos? Possuímos mente e apenas isso? A resposta simples é não. Decerto temos mente, povoada por representações sensoriais padronizadas chamadas imagens, e *também* temos as competências não explícitas que servem tão bem a organismos mais simples. Somos dirigidos por duas formas de inteligência, sustentadas por dois tipos de cognição. A primeira é aquela que os humanos há muito tempo estudam e prezam. Baseia-se em raciocínio e criatividade e depende da manipulação de padrões explícitos de informação conhecidos como imagens. A segunda é a competência não explícita encontrada nas bactérias, a única variedade de inteligência da qual a maioria das formas de vida na Terra dependeu e continua a depender. Esse tipo permanece inacessível à inspeção mental.

A segunda questão que precisamos examinar relaciona-se à capacidade de sentir. *Como somos capazes de sentir prazer e dor, bem-estar e mal-estar, alegria e tristeza?* A resposta tradicional é bem conhecida: o que nos permite sentir é o cérebro, e basta investigar os mecanismos específicos por trás de sentimentos específicos. Entretanto, meu objetivo não é elucidar os correlatos químicos ou neurais de um ou outro sentimento específico — uma questão importante que a neurobiologia tem procurado examinar com certo êxito. Meu objetivo é outro. Desejo ter conhecimento sobre os mecanismos funcionais que nos permitem *experimentar na mente* um processo que ocorre *na esfera física do corpo*. Convencionou-se atribuir essa pirueta fascinante — do corpo físico à experiência mental — aos bons ofícios do cérebro, especificamente à atividade de dispositivos físicos e químicos chamados neurônios. Embora sem dúvida o sistema nervoso seja necessário para realizar essa transição notável, *não há indícios de que ele faça isso sozinho*. Além disso, muitos julgam que é impossível explicar a pirueta fascinante que permite ao corpo físico abrigar experiências mentais.

Em uma tentativa de responder a essa questão crucial, concentro-me em duas observações. Uma delas está relacionada às características anatômicas e funcionais únicas do sistema nervoso interoceptivo — o sistema responsável pela sinalização do corpo ao cérebro. Essas características diferem bastante daquelas que podem ser encontradas em outros canais sensoriais, e, embora algumas já tenham sido documentadas, sua importância foi desconsiderada. No entanto, elas ajudam a explicar a singular fusão de "sinais corporais" e "sinais neurais" que contribui decisivamente para que experienciemos a carne.

Outra observação pertinente concerne à relação única entre o corpo e o sistema nervoso, sobretudo ao fato de que o primeiro contém inteiramente o segundo dentro de seus limites. *O sistema nervoso, incluindo seu núcleo natural, o cérebro, está localizado totalmente no território do corpo propriamente dito e está intimamente associado a ele.* Como consequência, corpo e sistema nervoso podem *interagir de modo direto e profuso*. Não existe nada comparável à relação entre o mundo externo ao nosso organismo e o nosso sistema nervoso. Uma consequência espantosa desse esquema é que os sentimentos não são percepções convencionais do corpo, e sim *híbridos*, à vontade tanto no corpo como no cérebro.

Essa condição híbrida pode ajudar a explicar *por que existe uma distinção profunda, mas não uma oposição, entre sentimento e raciocínio*, por que somos *criaturas sensíveis que pensam e criaturas pensantes que sentem*. Passamos a vida sentindo ou raciocinando ou ambas as coisas, conforme requerem as circunstâncias. A natureza humana beneficia-se de uma abundância de inteligência dos tipos explícito e não explícito e do uso de sentimento e razão, combinados ou cada qual isolado — bastante poder intelectual, sem dúvida, porém nem de longe o suficiente para que tratemos decentemente nossos semelhantes humanos, que dirá os demais seres vivos.

Munidos de novos fatos importantes, estamos prontos para tratar da consciência em si. *Como o cérebro nos proporciona experiências mentais que associamos inequivocamente ao nosso ser — a nós mesmos?* As respostas possíveis, como veremos, são de uma transparência surpreendente.

II

Antes de prosseguirmos, preciso dizer algumas palavras sobre como procedo ao investigar fenômenos mentais. Sem dúvida, a abordagem começa com os próprios fenômenos mentais, quando indivíduos singulares se dedicam à introspecção e relatam suas observações. A introspecção tem seus limites, mas não tem rival, muito menos substituto. Ela fornece a única janela direta para os fenômenos que queremos compreender e serviu notavelmente ao gênio científico e artístico de William James, Sigmund Freud, Marcel Proust e Virginia Woolf. Mais de um século depois, podemos dizer que logramos alguns avanços, mas a realização deles permanece algo extraordinário.

Os resultados da introspecção agora podem ser associados e enriquecidos por resultados obtidos com a aplicação de outros métodos que também se ocupam de fenômenos mentais, porém os investigam de forma indireta, concentrando-se em (a) suas manifestações comportamentais e (b) seus correlatos biológicos, neurofisiológicos, psicoquímicos e sociais. Em décadas recentes, vários avanços técnicos revolucionaram esses métodos e lhes deram um poder considerável. O texto que você está prestes a ler baseia-se em resultados extraídos de uma integração desses esforços científicos formais com os resultados da introspecção.

Não há mérito em reclamar das imperfeições da auto-observação e seus óbvios limites, tampouco em reclamar da natureza indireta das ciências que tratam de fenômenos mentais. Não existe outro modo de proceder, e as técnicas multifacetadas que hoje são o estado da arte contribuem bastante para minimizar as dificuldades.

Um último alerta: os dados gerados por essa abordagem multiestratégica requerem interpretação. Eles sugerem ideias e teorias destinadas a explicar fatos do melhor modo possível. Algumas ideias e teorias encaixam-se muito bem nos dados e são bem convincentes, mas não se engane: também precisam ser tratadas como hipóteses, submetidas a testes experimentais apropriados e corroboradas ou não por evidências. Não devemos confundir teoria, por mais sedutora que seja, com fatos verificados. Por outro lado, também é verdade que, ao discutirmos fenômenos tão complexos como os eventos mentais, muitas vezes temos de nos contentar com a plausibilidade quando a comprovação não está ao alcance.

PARTE I
SOBRE SER

No princípio não era o verbo

No princípio não era o verbo. Isso está claro. Não que o universo dos vivos tenha sido simples em algum momento, muito pelo contrário. Foi complexo desde a origem, 4 bilhões de anos atrás. A vida avançou sem palavras nem pensamentos, sem sentimentos nem raciocínios, desprovida de mentes e consciências. No entanto, organismos vivos sentiam outros como eles e sentiam seus ambientes. Quando digo que sentiam, refiro-me à detecção de "presença" — de outro organismo inteiro ou de uma molécula localizada na superfície de outro organismo, ou ainda de uma molécula secretada por outro organismo. Sentir *não é* perceber, e *não é* construir um "padrão" baseado em alguma outra coisa para criar uma "representação" dessa coisa e produzir uma "imagem" na mente. Por outro lado, sentir é a variedade mais elementar de cognição.

Ainda mais surpreendente é que organismos vivos respondiam *de modo inteligente* às sensações que tinham. Responder com inteligência significava que a resposta contribuía para a continuidade de sua vida. Por exemplo, se a sensação que lhes surgia representasse um problema, uma resposta inteligente seria aquela que levasse à solução do problema. Contudo, cabe ressaltar que a inteligência desses organismos simples não se baseava em conhecimento explícito do tipo usado hoje pela nossa mente, o tipo que requer representações e imagens. Baseava-se em uma competência oculta que levava em conta o objetivo de manter a vida, nada além disso. Essa inteligência não explícita incumbia-se de gerir a vida, administrá-la de acordo com as regras e regulações da *homeostase*. Homeostase? Pense na homeostase como um conjunto de regras sobre como proceder, executadas incansavelmente segundo um extraordinário manual de instruções sem palavras nem ilustrações. As instruções asseguravam que os parâmetros dos quais a vida dependia — por exemplo, a presença de nutrientes, certos níveis de temperatura ou pH — fossem mantidos dentro de faixas ótimas.

Lembrando: no princípio palavras não foram ditas nem escritas, nem mesmo no rigoroso manual de regulação da vida.

O propósito da vida

Sei que falar sobre o propósito da vida pode causar certo constrangimento, mas, do ponto de vista inocente de cada organismo vivo, a vida é inseparável de um objetivo evidente: sua própria manutenção enquanto a morte por idade avançada não chega. O caminho mais curto da vida para realizar sua própria manutenção é seguir os ditames da homeostase, o intricado conjunto de procedimentos regulatórios que possibilitaram a vida quando ela surgiu nos organismos unicelulares primevos. Por fim, quando organismos multicelulares e multissistêmicos entraram na moda — cerca de três bilhões e meio de anos depois —, a homeostase passou a ser auxiliada por dispositivos coordenadores recém-evoluídos conhecidos como sistemas nervosos. Estava pronto o cenário para que esses sistemas nervosos não apenas gerissem as ações, mas também representassem padrões. Mapas e imagens estavam a caminho, e mentes — as mentes que têm sentimentos e consciência possibilitadas pelos sistemas nervosos — foram o resultado. Pouco a pouco, ao longo de algumas centenas de milhões de anos, a homeostase começou a ser parcialmente governada por mentes. Para que a vida fosse ainda mais bem administrada, só faltava o raciocínio criativo baseado no conhecimento memorizado. Os sentimentos, de um lado, e o raciocínio criativo, de outro, passaram a ter papéis importantes no novo nível de administração permitido pela consciência. Os avanços amplificaram o propósito da vida: sobreviver, é claro, mas com uma abundância de bem-estar derivada, em grande medida, da experiência de suas próprias criações inteligentes.

O objetivo da sobrevivência e os ditames da homeostase continuam em vigor hoje, tanto em seres unicelulares — nas bactérias por exemplo — como em nós. Mas o tipo de inteligência que auxilia o processo é diferente nos seres unicelulares e nos humanos. A inteligência não explícita e não consciente é tudo o que está disponível para os organismos mais simples desprovidos de mente. Sua inteligência não possui as riquezas e o poder gerados por representações expressas. Os humanos têm os dois tipos de inteligência.

Quando falamos sobre a vida e os tipos de gestão inteligente usados por diferentes espécies, fica evidente que precisamos identificar o rol de estratégias específicas e distintas disponíveis a esses seres e dar nomes às etapas funcionais que elas constituem. *Sentir* (detectar) é a mais básica, e acredito que está presente em todas as formas de vida. *Usar a mente* é a seguinte — requer um sistema nervoso e a criação de representações e imagens, o componente crítico da mente. Imagens mentais fluem sem cessar ao longo do tempo e são infinitamente passíveis de manipulação para produzirem novas imagens. Como veremos, o uso da mente abre caminho para os *sentimentos* e para a *consciência*. Não há esperança de elucidar a consciência se não nos debruçarmos sobre a distinção dessas etapas intermediárias.

O constrangimento dos vírus

A menção de competências decorrentes de inteligência desprovida de mente me faz pensar na tragédia que estamos vivendo e nas perguntas sem respostas relacionadas aos vírus. Apesar do nosso êxito em conter a pólio, o sarampo e o HIV e em lidar com a inconveniência e os perigos da gripe sazonal, os vírus continuam a ser uma causa importante de humilhação para a ciência e a medicina. Somos negligentes e despreparados para epidemias virais e ignorantes no que diz respeito aos conhecimentos científicos necessários para falar com clareza sobre os vírus e lidar eficazmente com suas consequências.

Fizemos grandes progressos na compreensão do papel das bactérias na evolução e de sua interdependência em relação aos humanos, que em grande medida nos é benéfica. O microbioma agora faz parte do modo como nos compreendemos, mas para os vírus não há nada comparável. Nossos problemas começam com a dificuldade de classificar os vírus e entender seu papel na economia geral da vida. Os vírus são vivos? Não. Vírus não são organismos vivos. Mas então por que falamos em "matar" vírus? Qual o status dos vírus no grande esquema biológico? Onde eles se encaixam na evolução? Por que e como devastam seres realmente vivos? As respostas a essas perguntas costumam ser incertas e ambíguas, o que é surpreendente, considerando o altíssimo custo em sofrimento humano que os vírus acarretam. Comparar vírus e bactérias é muito esclarecedor. Vírus não têm metabolismo energético, mas bactérias sim. Vírus não produzem energia nem resíduos, bactérias produzem. Vírus não podem iniciar movimento. Eles são combinações de ácidos nucleicos — DNA ou RNA — com algumas proteínas diversas.

Os vírus não conseguem se reproduzir por conta própria, mas podem invadir organismos vivos, sequestrar seus sistemas vitais e se multiplicar. Em resumo, não estão vivos, mas podem se tornar parasitas de seres vivos e ter uma "pseudovida" enquanto, na maioria dos casos, destroem a vida que lhes permite continuar sua existência ambígua e promover a produção e disseminação dos "seus" ácidos nucleicos. E, nesse aspecto, apesar de seu status de seres não vivos, não podemos negar aos vírus uma fração da variedade não explícita de inteligência que anima todos os organismos vivos, a começar pelas bactérias. Os vírus têm uma competência oculta que só se manifesta quando alcançam terreno vivo apropriado.

Cérebros e corpos

Qualquer teoria que passe ao largo do sistema nervoso para explicar a existência de mente e consciência está destinada ao fracasso. A contribuição do sistema nervoso é essencial para viabilizar a mente, a consciência e o raciocínio criativo que as primeiras possibilitam. No entanto, qualquer teoria que se baseie *apenas* no sistema nervoso para explicar mente e consciência também está fadada ao fracasso. Infelizmente, esse é o caso da maior parte das teorias atuais. As tentativas inúteis de explicar a consciência só com base na atividade nervosa são em parte responsáveis pela ideia de que a consciência é um mistério inexplicável. Embora seja verdade que a consciência como a conhecemos só emerge por completo em organismos dotados de sistema nervoso, também é verdade que a consciência requer interações abundantes entre a parte central do sistema nervoso — o cérebro propriamente dito — e diversas partes não nervosas do corpo.

O que o corpo traz para o casamento com um sistema nervoso é sua inteligência biológica fundamental, a competência não explícita que governa a vida atendendo às demandas da homeostase e que por fim se expressa sob a forma de sentimento. O fato de que, em boa medida, o sentimento só se manifesta plenamente graças ao sistema nervoso não altera essa realidade fundamental.

O que o sistema nervoso traz para o casamento com o corpo é a possibilidade de tornar o conhecimento explícito, construindo os padrões espaciais que, como esclareceremos adiante, constituem *imagens*. O sistema nervoso também ajuda a gravar na memória o conhecimento representado em imagens e abre caminho para o tipo de manipulação de imagens que possibilita a reflexão, o planejamento, o raciocínio e, por fim, a geração de símbolos e a criação de novas respostas, artefatos e ideias. O casamento de corpo e cérebro consegue até revelar parte do conhecimento secreto da biologia — em outras palavras, as explicações para a vida inteligente.

Sistemas nervosos como subprodutos da natureza

Os sistemas nervosos apareceram tarde na história da vida. Não, os sistemas nervosos não foram primários em nenhum aspecto. Eles surgiram para servir à vida, para torná-la possível quando a complexidade de organismos requereu níveis elevados de coordenação funcional. E, sim, sistemas nervosos ajudaram a gerar fenômenos e funções surpreendentes que não estavam presentes antes de eles aparecerem, como sentimentos, mente, consciência, raciocínio explícito, linguagens verbais e matemática. De um modo curioso, essas novidades "neuroautorizadas" expandiram as realizações das inteligências biológicas não explícitas e das habilidades cognitivas não explícitas que já existiam e que tinham o propósito singular de servir à vida. As inovações neurais atuaram otimizando a regulação homeostática e mantendo a vida com mais segurança. Isso é justamente o que os sistemas nervosos têm realizado, possibilitando os altos níveis de coordenação funcional requeridos por organismos multicelulares e multissistêmicos complexos. Organismos multicelulares complexos dotados de sistemas diferenciados — endócrino, respiratório, digestório, imunitário, reprodutivo — foram salvos pelo sistema nervoso, e organismos dotados de sistema nervoso passaram a ser salvos pelos elementos que os sistemas nervosos inventaram — imagens mentais, sentimentos, consciência, criatividade, culturas.

Os sistemas nervosos são esplêndidos "subprodutos" de uma natureza sem mente nem pensamento, mas de uma presciência pioneira.

Sobre ser, sentir e saber

A história dos organismos vivos começou há 4 bilhões de anos e seguiu caminhos diversos. No ramo da história que conduziu até nós, gosto de imaginar três estágios evolucionários distintos e consecutivos. Um primeiro estágio é caracterizado pelo *ser*; o segundo é dominado pelo *sentir*; e o terceiro é definido pelo *saber* no sentido geral do termo. Curiosamente, em cada humano contemporâneo podemos vislumbrar algo similar a esses mesmos três estágios, e eles se desenvolvem na mesma sequência. Os estágios de ser, sentir e saber correspondem aos sistemas anatômicos e funcionais independentes que coexistem em cada um de nós, humanos, e são acionados conforme se faz necessário na vida adulta.[1]

Os organismos vivos mais simples — os que têm apenas uma célula (ou pouquíssimas células) e não possuem sistema nervoso — nascem, tornam-se adultos, defendem-se e por fim morrem por idade avançada, por doença ou são destruídos por outros seres. Eles são seres individuais, capazes de escolher os lugares mais adequados à vida em seus ambientes e capazes de lutar pela própria vida, apesar de fazerem tudo isso sem a ajuda de uma mente, muito menos de uma consciência. Eles tampouco têm sistema nervoso. Em suas escolhas não há premeditação nem reflexão — é impossível premeditar e refletir na ausência de uma mente iluminada pela consciência. Esses seres fazem o que fazem, em grande medida, baseados em processos químicos eficientes guiados por uma competência perfeitamente ajustada, porém oculta, sintonizada com os ditames da homeostase, de modo que a maioria dos parâmetros do processo da vida possa ser mantida em níveis compatíveis com a sobrevivência. Isso é obtido sem a ajuda de representações explícitas do ambiente ou do interior — em outras palavras, sem uma mente — e sem o auxílio do pensamento e da tomada de decisão baseada em reflexão. O processo é complementado por uma forma mínima de cognição, manifestada, por exemplo, sob a forma de "sentir" obstáculos ou estimar o número de outros organismos presentes em dado momento e em certo espaço, uma capacidade conhecida como *quorum sensing* [percepção de quórum].[2]

Competências ocultas refletem limitações físicas e químicas e são um recurso para cumprir um objetivo — uma vida boa, e com isso quero dizer uma vida regulada eficientemente, capaz de sobreviver a ameaças — enquanto se respeita a realidade. Cada um desses organismos vivos competentes é, em essência, uma fábrica química independente que opera um empreendimento metabólico e gera produtos metabólicos, mesmo sem possuir sistema digestivo ou circulatório. No entanto, há algo de inesperado em suas atividades: esses seres "pseudossimples", dos quais o melhor exemplo são as bactérias, podem viver como membros de um grupo social no mundo maior, isto é, dentro de outros organismos vivos, como nós. Fornecemos casa e comida e cobramos aluguel na forma de serviços químicos úteis. Pode acontecer, é claro, de os inquilinos abusarem da situação e tirarem mais do que deveriam na transação, e às vezes as coisas não acabam bem para os senhorios *nem* para os inquilinos.

O estágio inicial do ser não inclui nada que possamos chamar de sentimento explícito ou conhecimento explícito, embora o processo da "vida boa" tenha de obedecer às disposições físicas sem as quais a vida não teria começado ou se desintegraria facilmente. E assim, no vasto caminho histórico que estamos descrevendo aqui, o ser é seguido pelo sentir. A meu ver, para que seres vivos sejam capazes de sentir, primeiro precisam adicionar várias características ao organismo. Eles têm de ser multicelulares e possuir sistemas diferenciados de órgãos, mais ou menos elaborados, entre os quais se destaca o sistema nervoso, coordenador natural de processos vitais internos e de interações com o ambiente. Então o que acontece? Muita coisa, como veremos.

Sistemas nervosos possibilitam movimentos complexos e, por fim, o início de uma verdadeira inovação: as *mentes*. Os sentimentos estão entre os primeiros exemplos de fenômenos mentais, e é difícil exagerar sua importância. Eles permitem que os seres representem em suas respectivas mentes o estado de seu próprio corpo, voltado para a regulação das funções dos órgãos internos requeridas pelas necessidades da vida: comer, beber e excretar; assumir posturas defensivas, como ocorre durante o medo ou a raiva, o nojo ou o desprezo; coordenar comportamentos sociais como a cooperação e o conflito; exibir viço, alegria e exaltação; e até os comportamentos relacionados à procriação.

Os sentimentos proporcionam aos organismos *experiências* de sua própria vida. Especificamente, proporcionam ao organismo proprietário uma avaliação graduada de seu êxito relativo em *viver*, uma nota no exame natural que se manifesta sob a forma de uma qualidade — agradável ou desagradável, leve ou intensa. Essas novas informações são preciosas, o tipo de informação que organismos limitados ao estágio do "ser" não podem obter.

Não é de surpreender que os sentimentos sejam uma contribuição importante para a criação de um "self",[3] um processo mental movido pelo estado do organismo, e que se ancorem na estrutura corporal (constituída pelas estruturas muscular e esquelética) e se orientem segundo a perspectiva fornecida por canais sensoriais como a visão e a audição.

Assim que o ser e o sentir estão estruturados e em funcionamento, estão prontos para sustentar e estender a sapiência que constitui o terceiro membro do trio: *saber*.

Os sentimentos nos fornecem o conhecimento da vida no corpo e, de pronto, tornam esse conhecimento consciente. (Nas partes III e IV explicaremos como os sentimentos conseguem fazer isso.) Esse é um processo central e fundamental, e, no entanto, ingratos que somos, mal o notamos, distraídos pela força de outro ramo do saber, aquele que é construído pelos sistemas sensoriais — visão, audição, sensações corporais, paladar e olfato — com a ajuda da memória. Os mapas e as imagens criados com base em informações sensoriais tornam-se os componentes mais abundantes e diversos da mente, lado a lado com os sentimentos sempre presentes e relacionados a eles. O mais das vezes, eles dominam os procedimentos mentais.

O curioso é que cada sistema sensorial em si é desprovido de experiência consciente. Por exemplo, o sistema visual, formado por retinas, via óptica e córtices visuais, produz mapas do mundo externo e contribui com imagens visuais explícitas dele. No entanto, o sistema visual não nos permitiria declarar automaticamente essas imagens como nossas imagens, ocorridas *dentro* do nosso organismo. Não relataríamos essas imagens ao nosso ser, não seríamos conscientes delas. Apenas a operação coordenada dos três tipos de processamento — os tipos que se relacionam a ser, sentir e saber — permite que as imagens sejam conectadas ao nosso organismo, que literalmente *se refiram a ele* e sejam *situadas dentro dele*. Só então a experiência pode emergir.

O que decorre dessa etapa fisiológica importantíssima mas pouco aclamada é extraordinário. Assim que experiências começam a ser gravadas na memória, os organismos dotados de sentimentos e consciência são capazes de manter uma história mais ou menos completa de sua vida, uma história de suas interações com os outros e de sua interação com o ambiente — em resumo, uma história de cada vida individual como ela é vivida dentro de cada organismo individual, nada menos do que o arcabouço da individualidade.

Cronologia da vida

Protocélulas	4 bilhões de anos
Primeiras células (ou procariotas, como bactérias), anucleadas	3,8 bilhões de anos
Fotossíntese	3,5 bilhões de anos
Primeiros seres unicelulares nucleados (ou eucariotas)	2 bilhões de anos
Primeiros organismos multicelulares	700-600 milhões de anos
Primeiras células nervosas	500 milhões de anos
Peixes	500-400 milhões de anos
Plantas	470 milhões de anos
Mamíferos	200 milhões de anos
Primatas	75 milhões de anos
Aves	60 milhões de anos
Hominídeos	14-12 milhões de anos
Homo sapiens	300 mil anos

# PARTE II
SOBRE A MENTE E A NOVA ARTE DA REPRESENTAÇÃO

Inteligência, mente e consciência

Esses são três conceitos espinhosos, e o trabalho de esclarecer o que representam ainda não chegou ao fim. Inteligência, da perspectiva geral de todos os organismos vivos, significa a capacidade de resolver a contento os problemas da luta pela vida. No entanto, a distância entre a inteligência das bactérias e a inteligência humana é enorme — uma distância de bilhões de anos de evolução, para ser mais exato. O escopo dessas inteligências e suas respectivas realizações também são previsivelmente diferentes.

As inteligências humanas explícitas não são simples nem pequenas. Requerem uma mente e a assistência de desdobramentos relacionados à mente: *sentimento e consciência*. Requerem *percepção, memória e raciocínio*. O conteúdo da mente se baseia em *padrões mapeados espacialmente* que representam objetos e ações. Para começar, o conteúdo corresponde a objetos e ações que percebemos tanto no interior do nosso organismo como no mundo à nossa volta. O conteúdo dos padrões mapeados espacialmente que construímos pode ser *inspecionado mentalmente*. Considerando um padrão específico, nós, os proprietários da mente, podemos inspecionar a "métrica" do padrão ou sua "extensão". Além disso, nós, os proprietários dos padrões, podemos inspecionar mentalmente suas estruturas em relação a um objeto específico e refletir, por exemplo, sobre o grau de "semelhança" com o objeto original.

Por fim, o conteúdo da mente é *manipulável*, isto é, nós, os proprietários dos padrões, podemos mentalmente cortá-los em partes e rearranjá-las de inúmeros modos para obter novos padrões. Quando tentamos resolver um problema, raciocínio é o nome que damos ao processo de manipulação a que recorremos em busca de uma solução.

Um modo conveniente de nos referirmos aos padrões mentais que constituem a mente é o termo *imagens*. Mas com isso não quero dizer apenas imagens "visuais", e sim *quaisquer* padrões produzidos pelos canais sensoriais dominantes: visuais, é claro, mas também auditivos, táteis, viscerais. Quando usamos nossa mente com criatividade, usamos nossa *imaginação*, certo?

Em contrapartida, a inteligência das bactérias é oculta, não explícita. Nenhum de seus estratagemas é transparente para o observador, nem — e isso é o mais importante — para os próprios organismos inteligentes. Tudo o que nós, observadores frustrados, sabemos sobre a resolução de um problema é o começo e o fim, ou seja, a pergunta e a resposta. Quanto aos organismos propriamente ditos, acredito que saibam ainda menos! Pelo que sabemos, não existe nada no interior de uma bactéria inteligente que seja capaz de construir padrões representando objetos ou ações, e em suas imediações ou em seu interior não há nada que se assemelhe a imagens e, portanto, nada que se assemelhe ao raciocínio. Contudo, o comportamento inteligente funciona muito bem com base em computações bioelétricas bem articuladas cujo teatro de operações é pequeno — mas não simples — e se situa do nível molecular para baixo, no alicerce físico de um organismo vivo.

Os descritores fundamentais dos dois tipos de inteligência agora podem ser alinhados para maior clareza: de um lado, inteligências encobertas, ocultas, disfarçadas, *recônditas*, não explícitas; de outro, inteligências expressas, manifestas, explícitas, mapeadas, de bases mentais. No entanto, apesar de diferentes, os dois tipos de inteligência surgiram para desempenhar a mesma tarefa: resolver problemas encontrados na luta pela vida. As inteligências encobertas resolvem problemas de maneira simples e econômica. As inteligências explícitas são complicadas, porque requerem sentimento e consciência. Elas levaram seus organismos a se importarem com a luta e, no processo, inventaram novos meios para isso.

É fácil deixar de perceber a importância das distinções que delineio aqui entre as formas de inteligência não explícita e explícita. Não explícito não significa "mágico", embora muitos mistérios biológicos ainda aguardem elucidação. E explícito não significa totalmente explicado. Ocorre apenas que os mecanismos não explícitos não são transparentes nem inspecionáveis sem a ajuda de microscópios ou bioquímica fina, para não falar em uma construção teórica que dê sentido aos fatos; por outro lado, em grande medida é possível observar mecanismos explícitos seguindo a trilha de padrões imagéticos, suas ações e relações.

Como descobriremos adiante, processos explícitos requerem *que os padrões imagéticos sejam construídos e armazenados pelo organismo*. Além disso, esse mesmo organismo tem de ser capaz de inspecionar internamente os padrões, mas sem a ajuda de tecnologia científica elaborada, e de organizar comportamentos condizentes.

encobertas	expressas
ocultas, disfarçadas	manifestas
não explícitas	explícitas
baseadas em processos químicos/ bioelétricos em organelas e membranas celulares	baseadas em padrões neurais mapeados espacialmente que "representam e se parecem" com objetos e ações; imagéticas

Bactérias e outros seres unicelulares beneficiam-se da notável dádiva da inteligência não explícita. Mas nós, humanos, desfrutamos de um privilégio muito maior. Nós nos beneficiamos de *ambas*: tanto da variedade explícita como da variedade não explícita de inteligência. Usamos uma ou outra, ou ambas, conforme pede o problema a ser resolvido, e nem sequer precisamos decidir qual tipo usar. Nossos hábitos mentais e estilos de atividade mental decidem por nós.[1]

Deixo de lado uma questão incômoda: a inteligência das monstruosas combinações não vivas que chamamos de vírus. Quando os vírus entram em um organismo vivo adequado, e mesmo enquanto seu estado continua a ser de "não vivo", eles "agem" de um modo muito inteligente do ponto de vista de sua permanência. Essa situação, como já mencionei, é um paradoxo e um constrangimento que temos de aceitar. Os vírus são coisas não vivas que agem de modo inteligente para promover a expansão de sua carga potencialmente produtora de vida: os ácidos nucleicos.

Sentir não é o mesmo que estar consciente e não requer uma mente

Todos os organismos vivos, por menores que sejam, têm a capacidade de detectar — ou "sentir" — estímulos sensoriais. Exemplos de estímulos sensoriais são a luz, o calor, o frio, uma vibração, uma cutucada. Os organismos também podem responder ao que é sentido, e a resposta é voltada para o ambiente ao redor ou para o interior de seu corpo, delimitado pela membrana celular que o contém.

Bactérias são capazes de sentir, e o mesmo ocorre com as plantas, porém, pelo que sabemos, nem bactérias nem plantas são conscientes. Elas sentem e respondem à sensação; suas membranas celulares podem detectar temperatura, acidez ou um mínimo empurrão, e elas podem responder evitando esses estímulos ou, por exemplo, afastando-se deles. Bactérias e plantas são dotadas de uma forma básica de cognição e de uma inteligência notável, mas não têm conhecimento *explícito* sobre as coisas que fazem, tampouco são dotadas da capacidade de raciocinar explicitamente. Como poderiam? O conhecimento só se torna explícito para um organismo quando é expresso em uma mente na forma de padrões imagéticos, e a capacidade de raciocinar explicitamente requer a manipulação lógica dessas imagens. Nem as bactérias nem as plantas parecem possuir mente ou ser conscientes. E um dado importante: *nem bactérias nem plantas têm sistema nervoso*. Isoladamente, sentir não dota um organismo de mente ou consciência. Mas há um precedente a ser observado. A consciência só se torna possível em organismos capazes de sentir e capazes de produzir uma mente.

Bactérias à nossa volta e dentro de nós são dotadas de uma *competência não explícita* que lhes permite governar sua vida de um modo não só eficiente, mas também *inteligente*. O mesmo ocorre com as plantas. Sua inteligência se ocupa de objetivos não expressos: sobreviver sempre e florescer com frequência. Bactérias e plantas operam como "devem", obedecendo aos imperativos da regulação da vida (ou homeostase), porém fazem isso *cegamente* — ou seja, elas não *sabem* por que nem como o fazem. A maquinaria química que executa suas ações com tanto êxito não é *representada* em outra parte de seu organismo e não tem possibilidade de *se revelar* ao proprietário do organismo. *As partes e os mecanismos envolvidos no êxito ou no fracasso do organismo fazem seu trabalho, mas nunca são "retratados" em outra parte do organismo*. Em nenhum lugar desses organismos as partes ou os estratagemas constituem um conhecimento explícito.

Na discussão sobre a natureza desprovida de mente e não consciente do sentir, devemos introduzir um fato intrigante sobre o qual cabe reflexão: bactérias e plantas respondem a numerosos anestésicos suspendendo suas atividades vitais e entrando em uma espécie de hibernação durante a qual sua capacidade de ter sensações desaparece. Esse fato foi estabelecido pela primeira vez por nada menos que o biólogo francês Claude Bernard, em fins do século XIX. Imagine o assombro de Claude Bernard quando descobriu que os rudimentares anestésicos inaláveis de sua época levavam plantas a adormecer.[1]

Esse fato é especialmente digno de nota porque, como acabamos de mencionar, nem plantas nem bactérias parecem ser dotadas de mente ou consciência, as "funções" que até hoje quase todo mundo, leigo ou cientista, associa à ação de anestésicos. Somos anestesiados antes de uma cirurgia para que a perda de "consciência" permita ao cirurgião trabalhar em paz e nos poupe do sofrimento. Minha proposição é: o que a anestesia causa — graças a uma perturbação de canais iônicos nas propriedades das bicamadas das membranas celulares — é uma interrupção radical e básica das funções do *sentir* que acabamos de mencionar. A anestesia não tem a mente como alvo específico — a mente deixa de ser possível quando o sentir é bloqueado. E a anestesia tampouco tem como alvo a consciência porque, como proporemos, a consciência é um estado mental específico e não pode ocorrer na ausência da mente.

Assim que somos capazes de ter consciência, aquilo de que nos tornamos conscientes constitui o *conteúdo* da nossa mente.

Mentes conscientes equipadas de sentimento e de alguma perspectiva sobre o mundo ao seu redor são amplamente presentes no reino animal, não apenas em humanos. Todos os mamíferos, aves e peixes são dotados de mente e são conscientes, e desconfio que o mesmo possa se aplicar aos insetos sociais. No entanto, acredito que isso não vale para os organismos unicelulares mais simples. E como é que eles fazem todas as coisas inteligentes que fazem? Ora, vimos que as humildes bactérias possuem a nada humilde competência de gerir sua vida. Elas têm alguns precursores daquilo que por fim permitiria o desenvolvimento da mente e até da consciência. Contudo, as bactérias ainda não estão prontas para o grande avanço que chamamos de mente, muito menos para uma mente consciente.

O conteúdo da mente

Vire uma mente do avesso e derrame seu conteúdo. O que você encontra? Imagens e mais imagens, o tipo de imagens que seres complexos, como nós somos, conseguem gerar e combinar em um fluxo progressivo. Foi exatamente esse "fluxo" que imortalizou William James e deu fama à palavra "consciência", visto que os dois termos foram muitas vezes usados juntos na expressão "fluxo de consciência". Entretanto, veremos que o fluxo, para começar, é simplesmente feito de imagens cujo fluir quase ininterrupto constitui uma mente. É claro que a mente se torna consciente assim que ingredientes adicionais se apresentam.

As percepções de objetos e ações do mundo externo transformam-se em imagens por obra da visão, da audição, do tato, do olfato e do paladar, que tendem a dominar nossos estados mentais — pelo menos é isso que parece acontecer. No entanto, muitas imagens na nossa mente não provêm do cérebro ao perceber o mundo externo, e sim do cérebro ao mesclar-se e atuar junto com o mundo *dentro* do nosso corpo. Um exemplo: a dor que você provoca quando sem querer martela o dedo em vez do prego. Imagens complexas desse tipo também podem dominar nossos procedimentos mentais à medida que se incorporam ao fluxo mental.

As imagens do interior são atípicas por várias razões. Os dispositivos que produzem essas imagens não apenas retratam nosso interior visceral, mas também estão acoplados a ele, conectados à sua química em uma íntima interação de mão dupla. O resultado é a produção de *híbridos* que chamamos de sentimentos. Uma mente normal é feita de imagens do exterior — convencionais ou diretas — e do interior: *especiais e híbridas*.

Contudo, lidamos também com outros tipos de imagens. Quando evocamos as memórias que criamos de objetos e ações e quando recriamos os sentimentos que as acompanham, as lembranças e recriações também vêm em forma de imagens. Produzir memórias significa, em grande medida, gravar imagens sob alguma forma codificada para que posteriormente possamos recuperar algo próximo do original. E quanto às traduções que fazemos de objetos, ações e sentimentos nas linguagens que conhecemos (línguas verbais, em sua maioria, mas também nas linguagens da matemática e da música)? As traduções também se manifestam sob a forma imagética.

Quando relacionamos e combinamos imagens em nossa mente e as transformamos com a nossa imaginação criativa, produzimos novas imagens que significam ideias, tanto concretas como abstratas; produzimos símbolos; e gravamos na memória boa parte de toda a produção imagética. Ao fazermos isso, ampliamos o arquivo do qual extraímos muitos dos conteúdos mentais futuros.

Inteligência sem mente

A inteligência sem mente precede em alguns bilhões de anos a variedade de inteligência baseada em mentes. A inteligência sem mente se oculta nas profundezas da biologia, e o adjetivo "recôndita" é um termo ainda melhor para designá-la. A inteligência sem mente está bem escondida por trás do funcionamento de vias moleculares que realizam coisas inteligentes para organismos vivos e podem ajudar recipientes não vivos, como os vírus, a executarem sua missão.

A inteligência sem mente se manifesta amplamente em reflexos, hábitos, comportamentos emotivos, competição e cooperação entre organismos. Atentemos para os desprovidos de mente: seu repertório é vasto. E por favor, leitor, perceba que nós, humanos arrogantes e *dotados de mente*, também nos beneficiamos de mecanismos de inteligência sem mente em todos os momentos do dia.

A produção de imagens mentais

Onde e como surgem as imagens? Elas surgem graças à percepção, e é mais fácil tratar da percepção começando pelo mundo ao redor do nosso organismo. Os padrões de atividade neural que correspondem ao nosso entorno começam a ser preparados pelos órgãos sensoriais, como olhos, ouvidos ou os corpúsculos táteis na pele. Eles trabalham em conjunto com o sistema nervoso central, onde núcleos em regiões como a medula espinhal e o tronco encefálico reúnem os sinais captados pelos órgãos sensoriais. Por fim, depois de mais algumas estações intermediárias, os córtices cerebrais recebem e organizam os sinais perceptuais. Graças ao trabalho pioneiro de fisiologistas como David Hubel e Torsten Wiesel, sabemos que o resultado dessa configuração é a construção de mapas de objetos e seus territórios em diversas modalidades sensoriais — por exemplo, visão, audição, tato. Os mapas são a base das imagens que experimentamos na mente.[1] Construímos mapas quando as células nervosas (neurônios) tornam-se ativas de acordo com certos padrões, como resultado de *inputs* provenientes de dispositivos sensoriais como os olhos ou os ouvidos, em regiões dos córtices cerebrais nos sistemas visual, auditivo e tátil. A abundância de detalhes e o valor prático do material abrangido por essas imagens explicam por que ele tende a dominar nosso presente psicológico na maioria das circunstâncias comuns. A relação entre o que é mapeado e as imagens que formamos é íntima. Criar mapas com precisão é essencial, e a imprecisão custa caro. Um mapa impreciso pode nos levar a uma interpretação errada ou pior: a fazer um movimento errado.

O leitor atento terá notado que não mencionei a produção de mapas e imagens para o paladar ou o olfato, embora ambos sejam canais sensoriais importantes; tampouco falei em criar mapas e imagens do interior, uma etapa importante na produção de sentimentos.

As estruturas que produzem cheiros e gostos apresentam a lógica geral dos três principais sentidos, porém exploram suas próprias combinações de química e montagem de padrões. Compartilham características das formas encoberta e expressa de inteligência, e talvez devamos considerá-las transições de uma para outra.[2]

Por outro lado, os sentimentos, como mostraremos quando tratarmos do afeto, são processos inteiramente híbridos que dependem das características e da estruturação únicas da interocepção, o processo que abre nosso interior para a inspeção sensorial e, por fim, mental.

As informações fornecidas pelos sentimentos indicam "qualidades" de coisas ou de estados — bom ou não tão bom —, além de "quantidades" dessas qualidades: realmente horrível ou não tão ruim. A precisão não é fundamental, e às vezes as informações que os sentimentos fornecem são *intencionalmente* incorretas porque o sistema assim determinou. É o que acontece, por exemplo, quando opiáceos produzidos internamente reduzem a dor aguda de um ferimento sem a intervenção de um médico ou de drogas.

Transformação de atividade neural em movimento e mente

A forma como os disparos de um neurônio criam movimento já não é um mistério. Primeiro, os fenômenos bioelétricos dos disparos neuronais acionam um processo bioelétrico nas células musculares; segundo, esse processo causa contração muscular; terceiro, como resultado da contração muscular, o movimento acontece, nos músculos propriamente ditos e nos respectivos ossos.[1]

O modo como um processo eletroquímico conduz a estados mentais segue a mesma lógica geral, mas é bem menos transparente. A atividade neural relacionada a estados mentais é distribuída espacialmente por conjuntos de neurônios de maneira que naturalmente constitui *padrões*. Os exemplos óbvios ocorrem nas sondas sensoriais da visão, da audição e do tato, em conjunto com as das atividades no nosso interior visceral. Os padrões correspondem, em termos espaciais, a objetos, ações ou qualidades que provocam a atividade neural. Eles *retratam* objetos e ações não só espacialmente, mas também em termos do tempo que as ações levam para ocorrer. A atividade neural mapeia de modo abrangente os objetos-alvo e suas ações. Os "padrões mapeados" são esboçados depressa de acordo com os detalhes físicos de objetos e ações presentes no mundo ao redor do nosso sistema nervoso — sobretudo no mundo que se oferece a sondas sensoriais como os olhos ou os ouvidos. As "imagens" que constituem nossa mente são resultado da atividade neural bem organizada que transmite esses padrões ao cérebro. Em outras palavras, "padrões mapeados" neurobiológicos se transformam nos "eventos mentais" que chamamos de imagens. E quando esses eventos são parte de um contexto que inclui sentimentos e autoperspectiva, então, e só então, eles se tornam *experiências mentais* — vale dizer, eles se tornam conscientes.

Dependendo da interpretação que se faz, pode-se considerar essa "conversão-transformação" um passe de mágica ou um fenômeno muito natural. Prefiro a segunda alternativa, mas isso não quer dizer que a explicação seja completa e que todos os detalhes estejam esclarecidos. Como veremos adiante, a "física da mente" pede esforços explicativos adicionais. Entretanto, essa "incompletude" não deve ser confundida com o "problema difícil" da consciência.[2] Ela se relaciona ao *tecido* profundo da mente, a tessitura que sustenta mapas e imagens e que não pode ser de todo explicada pela física clássica. O tempo dirá o quanto a física pode ou não nos dar as respostas a essa incompletude.

A fabricação de mentes

Sabemos que nossa mente é feita de comboios de imagens de vários tipos que se sucedem no tempo, desde os que nos dão a visão e os sons até os que são parte dos sentimentos. Também sabemos que as imagens dominantes são comumente estruturadas em um "padrão", um esquema espacial, geométrico, no qual elementos são dispostos em duas ou mais dimensões. Essa espacialidade está no cerne do que é uma mente. Ela é responsável pela natureza *explícita* dos componentes mentais, o exato oposto das competências não explícitas que auxiliam, de modo bastante inteligente, os organismos vivos desprovidos de sistema nervoso e que também são úteis em organismos complexos como o nosso. As competências não explícitas são extraordinariamente eficazes, mas as engrenagens de sua maquinaria continuam inacessíveis à inspeção mental. Por exemplo, o RNA mensageiro (mRNA) pode ser lido com precisão para formar cadeias de aminoácidos e até se beneficiar de mecanismos de correção de erros. No entanto, não podemos inspecionar "mentalmente" o processo de transcrição.

A ciência revelou os detalhes desse processo, mas ele permanece oculto para nós sem a ajuda da tecnologia.

Então onde se encontram os padrões de imagens explícitos? Trabalhos clássicos em neuroanatomia e neurofisiologia mostraram que os padrões são baseados em "mapas dinâmicos". Estes são gerados em alta velocidade nos córtices cerebrais dos vários sistemas sensoriais, incluindo as áreas corticais de associação, e também em estruturas cerebrais abaixo do nível do córtex cerebral, como os colículos e os gânglios geniculados. Os "padrões" organizados em todas essas estruturas correspondem a objetos e ações e a relações presentes e ativas fora do sistema nervoso. Um modo de explicar como os padrões surgem é dizer que sondas sensoriais como a retina ou a cóclea analisam objetos e relações e os "imitam" ou "retratam" em redes de neurônios, para marcá-los em um espaço coordenado, respeitando as sequências em tempo real dos objetos que se movem. A anatomia reticulada de todas essas estruturas neurais é ideal para ativar neurônios de um modo que se formem padrões, e com isso vários arranjos, em dimensões variadas, podem ser "ativados" bem depressa e eliminados com a mesma rapidez.

Dada a variedade de córtices disponível em cada canal sensorial, podemos perguntar onde exatamente as imagens são montadas e experimentadas. Seria nos córtices cerebrais primários? Se assim for, em qual camada (ou camadas)? Ou será que as imagens estão em mais de uma região cortical, de modo que a imagem experimentada na mente seria, na verdade, um composto construído com vários padrões montados ao mesmo tempo?

Não há uma resposta definitiva que explique onde as imagens estão. É evidente elas são produzidas em lugares diversos, em momentos diferentes e com granulação diferente. Além disso, a questão do "onde" se relaciona a uma indagação semelhante: graças a qual mecanismo adicional as imagens *tornam-se* conscientes? Trataremos dessa indagação depois de discorrermos sobre os sentimentos, que são contribuições indispensáveis ao processo de tornar imagens conscientes.

Talvez uma questão ainda mais enigmática tenha ligação com o tecido mais profundo da mente, a questão da *tessitura* que já mencionei. Dizer que processos mentais se baseiam em eventos bioelétricos nos circuitos neuronais certamente é correto. Mas será que podemos procurar *sob* essa afirmação? É lá, suspeito, que talvez seja útil investigar a estrutura física e a dinâmica de tecidos neurais e do meio não neural no qual eles se inserem. Nesse sentido, físicos como Roger Penrose, o biólogo Stuart Hameroff e o cientista da computação Hartmut Neven aventaram que os processos de nível quântico que ocorrem no interior de células, sobretudo nos neurônios, são agentes importantes em eventos mentais.[1]

Corroborando essa ideia, avanços recentes em biologia geral sugerem que eventos submoleculares de nível quântico são cruciais para explicar processos biológicos complexos como a fotossíntese. O mesmo se aplica ao sonar, à ecocolização e à determinação do norte magnético por aves, todos fenômenos "relacionados à mente".

Ressalto que, da minha perspectiva, as considerações anteriores aplicam-se à fabricação da mente e apenas da mente. Como mostrarei nos próximos capítulos, explicar a consciência — explicar como tornar mentes conscientes — *não* requer que invoquemos o nível submolecular, mas explicar o *tecido da mente* talvez requeira. A consciência é um fenômeno que se dá em nível de sistemas. Exige um rearranjo da mobília da mente, e *não* a fabricação de móveis individuais.

A mente das plantas e a sabedoria do príncipe Charles

Não há como não simpatizar com uma pessoa que conversa com plantas, como dizem que o príncipe Charles faz. Indiscutivelmente, falar com plantas implica não só um reconhecimento do valor de formas de vida não humanas, mas também respeito pela ideia de que bons cuidados, reais ou poetizados na forma de palavras gentis, fazem diferença para a vida de organismos não humanos — uma ideia de fato encantadora.

Não sei se o príncipe Charles é um conhecedor da botânica especificamente ou da biologia em geral, mas ele tem muita razão em respeitar e amar as plantas. E está em boa companhia — nada menos que Claude Bernard, de quem falamos há pouco. Claude Bernard descobriu o efeito da anestesia na vida das plantas, percebeu a importância da regulação da vida já no último quarto do século XIX e explicou a necessidade dessa regulação para manter o equilíbrio no interior físico-químico de todos os seres vivos, ao qual ele deu o nome de "meio interno". Algumas de suas ideias foram inspiradas na vida das plantas, e é fácil imaginá-lo conversando com elas também, embora não seja preciso ir tão longe.

Basta reconhecer que, embora o termo "homeostase" só tenha se popularizado algumas décadas mais tarde — pela mão do cientista americano Walter Cannon —, o admirável Claude Bernard, trabalhando discretamente em Paris, descreveu pela primeira vez o fenômeno da homeostase e percebeu sua importância.[1]

E o que Claude Bernard viu em suas plantas? Ele viu seres vivos com muitas células e diversos tipos de tecidos, gerindo organismos multissistêmicos complexos com bastante êxito, apesar de, em grande medida, estarem envoltos em celulose, serem desprovidos de músculos e, portanto, impedidos de executar movimentos *evidentes*. Ele viu que, na verdade, as plantas eram bem capazes de movimentos *não evidentes, furtivos*, com sua impressionante rede de raízes subterrâneas. E como pareciam (e parecem) ser conhecedoras essas raízes, crescendo ao seu ritmo lento mas inexorável em direção à região do subsolo que lhes fornecerá mais água e nutrientes!

Claude Bernard também percebeu que a água podia ser levada para a superfície, para as partes superiores expostas das plantas e para suas folhas e flores, graças a um sistema eficaz de circulação hidráulica. E notou que organismos multicelulares e multissistêmicos tinham uma solução brilhante para gerar movimento justapondo novos elementos celulares, um ao lado do outro, e assim "movendo" a extremidade de um ramo alongando o ramo inteiro. Isso é o que as plantas fazem quando seu sistema de raízes curva-se e cresce em uma direção específica, voltado para o local onde moléculas de água aguardam em abundância. Excepcionalmente, plantas podem de fato se mover usando algo similar a músculos, como é o caso das folhas da planta carnívora dioneia, mas essa não é a regra.

Claude Bernard não se espantaria se descobrisse o que aprendemos desde a sua época: nas florestas, as raízes formam vastas redes que contribuem para uma homeostase coletiva.[2]

Todos esses prodígios são realizados na ausência de um sistema nervoso, mas com a ajuda de uma capacidade abundante de sentir e de uma inteligência sem mente. Ora, quem precisa de uma mente quando consegue fazer tanto sem ela? Razão de sobra, portanto, para Claude Bernard admirar essa família de organismos vivos e investigar a obediência que eles manifestam aos imperativos da homeostase. Razão de sobra para o príncipe Charles honrá-las com seus monólogos.

Algoritmos na cozinha

Muitos falam sobre os algoritmos com reverência, com o devido respeito ao tipo de avanço científico ou técnico que muda vidas. A reverência e o respeito são bem justificados, porém é importante compreender a natureza dos algoritmos e esclarecer seus limites, em especial quando os comparamos a imagens. Podemos pensar nos algoritmos como receitas, como o modo de preparar um bife à milanesa ou, na sugestão de Michel Serres, uma tarte Tatin.[1] Receitas são úteis, é claro, mas uma receita não é aquilo que ela nos ajuda a obter. Não podemos degustar a receita de um bife à milanesa ou saborear a receita de uma tarte Tatin. Graças à nossa mente, podemos *antecipar* os sabores e salivar, mas, se nos derem apenas uma receita, não poderemos realmente saborear um prato inexistente. Quando pessoas pensam em "fazer o upload ou o download" de sua mente para se tornarem imortais, deveriam perceber que sua aventura — na ausência de um cérebro vivo em um organismo vivo — consistiria em transferir *receitas*, e apenas receitas, para um computador. Para me manter no mesmo exemplo, elas não ganhariam acesso aos verdadeiros sabores e aromas da culinária real e da comida real.

Não estou depreciando os algoritmos. Como poderia, depois de todos os hinos de admiração que entoei em louvor das inteligências recônditas e dos códigos que as viabilizam?

PARTE III
SOBRE OS SENTIMENTOS

Os princípios dos sentimentos: preparação do palco

Os sentimentos provavelmente começaram sua história evolucionária como uma tímida conversa entre a química da vida e a versão incipiente de um sistema nervoso em um organismo específico. Em seres muito mais simples do que nós, a conversa teria gerado sentimentos como um mero bem-estar e um desconforto básico em vez de sentimentos sutilmente graduados, muito menos algo tão elaborado quanto uma dor localizada. Mesmo assim, que avanço notável! Esses primeiros passos acanhados davam a cada ser uma orientação, um conselheiro sutil sobre o que fazer ou não fazer em seguida ou aonde ir. Algo novo e de valor inestimável emergiu na história da vida: *uma contrapartida mental de um organismo físico*.[1]

Afeto

A variedade mais simples de afeto começa no interior de um organismo vivo. Surge de maneira vaga e difusa, gerando sentimentos que não podem ser descritos ou situados com facilidade. O termo "sentimentos primordiais" capta essa ideia.[1] Em contrapartida, "sentimentos maduros" fornecem imagens vívidas e assertivas dos objetos que guarnecem nosso "interior" — vísceras como coração, pulmões e intestino — e das ações que eles executam, como bater, respirar e contrair. Por fim, como no caso da dor localizada, as imagens tornam-se nítidas e enfocadas. Mas não se engane. Vagos, aproximados ou precisos, os sentimentos são *informativos*: eles contêm conhecimentos importantes e implantam firmemente esses conhecimentos no fluxo de imagens. Os músculos estão tensos ou relaxados? O estômago está cheio ou vazio? O coração está batendo com tediosa regularidade ou tem palpitações? A respiração está tranquila ou difícil? Meu ombro dói? Nós, que temos o privilégio de sentir, ficamos sabendo sobre esses estados, e essas informações são valiosas para a subsequente administração da nossa vida. Mas como chegamos a ter esse conhecimento?

O que acontece quando "sentimos" em vez de apenas "percebemos" objetos no mundo em geral? O que é necessário para *sentir*, e não meramente perceber?

Primeiro, *tudo o que sentimos corresponde a estados do nosso interior*. Não "sentimos" a mobília à nossa volta ou a paisagem. Podemos perceber a paisagem e a mobília, e essas percepções podem facilmente fazer surgir respostas emotivas e resultar nos respectivos sentimentos. Podemos *experimentar* esses "sentimentos emotivos" e até dar nome a eles — a *bela* paisagem e a poltrona *confortável*.

No entanto, o que "realmente" sentimos, no sentido apropriado do termo, é como se encontra nosso organismo ou partes dele, de momento a momento. Seu funcionamento está regular e desimpedido ou há dificuldades? Chamo esses sentimentos de homeostáticos porque, como informantes diretos, eles nos dizem se o organismo está ou não funcionando de acordo com necessidades homeostáticas, isto é, de um modo conducente ou não à vida e à sobrevivência.

Os sentimentos devem sua existência ao fato de que o sistema nervoso tem contato direto com o interior do corpo e vice-versa. O sistema nervoso literalmente "toca" o interior do organismo, em todas as partes desse interior, e é "tocado" em retribuição. A nudez do interior em relação ao sistema nervoso e o acesso direto que o sistema nervoso tem ao interior são características da natureza única da interocepção, o termo técnico reservado para a percepção do nosso interior visceral. A interocepção distingue-se da percepção do nosso sistema musculoesquelético, conhecida como *propriocepção*, e da percepção do mundo exterior, a *exterocepção*. Podemos usar palavras para descrever a experiência de sentir, é claro, mas não precisamos da mediação de palavras para sentir.[2]

Os sentimentos, como expressos em nosso organismo e experimentados na nossa mente, conseguem nos manobrar; literalmente nos perturbam de modo positivo ou negativo. Por que e como podem fazer isso? A primeira razão é clara: eles são "de casa" e têm acesso ao nosso interior! A maquinaria neural que nos ajuda a "fabricar um sentimento" que tem interação direta com o objeto que causou o sentimento. Por exemplo, sinais de dor provenientes da cápsula renal doente viajam ao sistema nervoso central e coalescem, tornando-se uma "cólica renal". Mas o processo não para aí. O sistema nervoso central engendra uma resposta de volta para a cápsula do rim doente e modula a continuação da dor; pode até interrompê-la. Outros eventos na área — como uma inflamação local — geram seus próprios sinais e contribuem para a experiência. A situação geral demanda a atenção e o envolvimento do indivíduo.

O exemplo da cólica renal ajuda a ilustrar a ideia de que os sentimentos são formados por uma fisiologia elaborada, distinta da fisiologia que o organismo usa para a visão e a audição. Em vez de apontarem com precisão e estabilidade para uma dada característica externa — por exemplo, uma forma ou som específico —, sentimentos com frequência correspondem a uma série de possibilidades. Sentimentos representam certas *qualidades* ao longo de uma escala e suas *variações* de tom e intensidade. Figurativamente, os sentimentos não se limitam a tirar fotos instantâneas de objetos ou eventos externos; eles filmam o espetáculo todo e a atividade nos bastidores, ou seja, não apenas as superfícies, mas também o que está por baixo.

Sentimentos são *percepções interativas*. Comparados a percepções visuais — o exemplo clássico de percepção —, os sentimentos são *não convencionais*. Sentimentos coletam seus sinais "do interior do organismo" e até "de dentro dos elementos localizados nesse interior", e não simplesmente do que está ao redor. Sentimentos retratam ações que ocorrem em nosso interior e as consequências dessas ações, e nos permitem um vislumbre das vísceras envolvidas nessas ações. Não admira que os sentimentos exerçam um poder especial sobre nós.

As operações de órgãos e sistemas internos são representadas gradualmente no sistema nervoso, primeiro nos nervos periféricos, depois em núcleos do sistema nervoso central (no tronco encefálico, por exemplo) e então no córtex cerebral. Mas existe uma cooperação intensa entre as partes do corpo e os elementos neurais. Corpo e sistema nervoso permanecem parceiros interativos e não apenas "modelo" e "representação" separados. O que por fim é convertido em imagens não é puramente neural nem puramente corporal. Emerge de um diálogo, de um toma lá dá cá dinâmico entre a química do corpo e a atividade bioelétrica dos neurônios. E, para complicar ainda mais, a qualquer momento uma resposta emotiva (por exemplo, medo ou alegria) pode impor mudanças adicionais a algumas vísceras — que são os agentes corporais primários no processo emotivo — e gerar, como resultado, um novo conjunto de estados viscerais e um novo conjunto de parcerias cérebro-corpo. Essas respostas emotivas modificam o organismo e, como consequência, mudam o que deve ser convertido em imagens por meio da parceria corpo-cérebro. O resultado é um novo conjunto de sentimentos — agora parcialmente "emocionais" em vez de puramente "homeostáticos" — e um novo estado afetivo. Os estados de humor são consequência desse tipo de dinâmica mantida por longos períodos. Eles são a origem do "entusiasmo" ou do "desânimo" com que começamos cada dia. E o mesmo se aplica a vários graus de animação ou excitação e embotamento ou sonolência.

As definições a seguir devem esclarecer ainda mais as descrições acima.

Homeostase: como já vimos, homeostase é o processo que

mantém os parâmetros fisiológicos de um organismo vivo (por exemplo, temperatura, pH, níveis de nutrientes, funcionamento das vísceras) dentro da faixa mais favorável ao funcionamento ótimo e à sobrevivência. (O termo "alostase", relacionado porém distinto, refere-se aos mecanismos usados por um organismo em seu esforço para recuperar a homeostase.)[3]

Emoções: consistem numa coleção de ações internas involuntárias que ocorrem em conjunto (por exemplo, contrações na musculatura lisa, alterações na frequência cardíaca, respiração, secreções hormonais, expressões faciais, postura), desencadeadas por eventos perceptuais. As ações emotivas em geral se destinam a respaldar a homeostase — por exemplo, reagindo a ameaças (com medo ou raiva) ou indicando estados de êxito (com alegria). Quando evocamos eventos na memória, também produzimos emoções.

Sentimentos: são fenômenos mentais que acompanham e derivam de vários estados de homeostase do organismo, que podem ser primários (*sentimentos homeostáticos* como fome e sede, dor ou prazer) ou provocados por emoções (*sentimentos emocionais* como medo, raiva e alegria).[4]

Independentemente de quais sejam os conteúdos "precisos" da nossa mente — as paisagens, a mobília, os sons, as ideias —, eles são necessariamente experimentados *com afeto*. O que percebemos ou recordamos, o que tentamos entender por meio de raciocínio, o que inventamos ou desejamos comunicar, as ações que executamos, as coisas que aprendemos ou lembramos, o universo mental composto de objetos, ações e abstrações decorrentes, *todos* esses diferentes processos *podem gerar respostas afetivas enquanto ocorrem*. Podemos pensar no afeto como o universo das nossas ideias transmutado em sentimento, e também é útil pensar nos sentimentos em termos musicais. Os sentimentos executam o equivalente a uma partitura musical que acompanha nossos pensamentos e ações.

Os conteúdos "precisos" da mente, que não são sentimentos, fluem com distinção, destacados contra o processo do afeto, mais ou menos como bonecos contra um pano de fundo animado. Mas esses conteúdos precisos em geral interagem com o processo do afeto. A qualquer momento, um ou vários atores do elenco do "conteúdo de precisão" podem roubar a cena e fazer com que ela "seja" diferente, provocando novas emoções e produzindo os sentimentos correspondentes. Algumas variações interessantes na partitura musical que está sendo improvisada ocorrerão. E o fascinante é que o oposto também vale: o afeto pode alterar as luzes sob as quais os conteúdos de precisão são experimentados. O afeto pode alterar o tempo que as imagens permanecem no palco da mente e a nitidez com que elas são percebidas. Conteúdos precisos, de um lado, e afeto, do outro, são construídos pelo organismo de modos distintos, mas são totalmente interativos. Deveríamos celebrar a riqueza e a confusão que nos são presenteadas pelo afeto.

Eficiência biológica e a origem dos sentimentos

A noção de eficiência poderia parecer uma invenção humana destinada a descrever o mundo moderno, porém ela se aplica bem e simplesmente à vida primordial de bilhões de anos atrás e às suas operações bem-sucedidas na esfera do consumo de energia. A eficiência foi arregimentada pela homeostase, e a seleção natural a aperfeiçoou ainda mais. O modo como o grau de obediência à homeostase resulta em maior ou menor consumo de energia é um velho truque da vida, e não um avanço recente. As bactérias têm explorado a eficiência a contento, e assim o fazem numerosas espécies desprovidas de mente porém bem-sucedidas entre as bactérias e os humanos.

Não é fascinante, então, que no decorrer da história natural o sentimento tenha se tornado um guia parcial da boa gestão da vida? Como *isso* aconteceu? Decerto um ponto de partida foi o alinhamento da eficiência e da sobrevivência com certos parâmetros da física e da química, enquanto a disfunção e a morte alinharam-se a certos outros parâmetros. Não há nada de errado na ideia de que uma "forma do Bem" platônica estaria presente — é quase certo que está — na física que sustenta a vida e a prosperidade.[1] A meu ver, porém, a notável expansão e promoção de uma escolha — as configurações que favoreçam a vida —, em detrimento da alternativa da dor e do sofrimento, surgiram graças aos sentimentos, o que, na verdade, se deve à consciência. *Todos* os sentimentos são conscientes, e, ao passo que sentimentos desagradáveis indicam situações que impedem e põem em risco a vida, sentimentos agradáveis indicam situações que ajudam a vida a prosperar. Na ausência de sentimentos ou consciência, os mecanismos alinhados à prosperidade da vida não teriam prevalecido de modo tão retumbante. A presença da consciência representou uma mudança radical nas coisas. Só um demônio poderia ter alterado a preferência que sentimentos conscientes indicavam com tanta clareza.

A união entre homeostase, eficiência e variedades de bem-estar foi assinada no céu, na linguagem dos sentimentos, e difundida pela seleção natural. Sistemas nervosos presidiram a cerimônia.

Alicerçando sentimentos 1

Os sentimentos que nós, humanos, experimentamos só poderiam ter começado para valer depois do aprimoramento evolucionário de sistemas nervosos complexos capazes de gerar mapeamentos e imagens sensoriais detalhados. Os sentimentos primordiais resultantes foram degraus importantes no caminho que levou aos sentimentos elaborados que os humanos podem experimentar agora.

Os mapas e as imagens sensoriais que fazem parte de sentimentos elaborados incorporam ao fluxo mental contínuo fatos concernentes ao estado do interior do organismo. Esse papel informacional é uma contribuição primária dos sentimentos, mas estes desempenham também outro papel: fornecer o impulso e o incentivo para que o indivíduo se comporte de acordo com as informações que eles transmitem e faça o que é mais apropriado à situação — por exemplo, correr de um perigo ou abraçar uma pessoa querida.

Alicerçando sentimentos II

A atividade química espontânea no interior do organismo destina-se a regular a vida segundo os ditames homeostáticos. A atividade tende naturalmente a alcançar faixas de funcionamento compatíveis com a sobrevivência e com balanços de energia positivos, mas seu grau de êxito varia conforme o organismo e a situação. Como consequência, os perfis de atividade química em um organismo específico correspondem a — e portanto representam — graus de êxito ou fracasso na tentativa de assegurar a homeostase e a sobrevivência. Esses perfis constituem uma avaliação natural do processo da vida em andamento.

Sentimentos entram nesse esquema porque existe uma correspondência manifesta e fundamentada entre os "graus" de êxito ou fracasso na regulação da vida e a variedade de sentimentos positivos ou negativos que experimentamos. O componente afetivo das nossas experiências mentais reflete os perfis dos nossos processos biológicos.

A mais antiga fonte fisiológica de sentimentos é um perfil químico integrado do interior do organismo. É provável que essa fonte de nível molecular tenha estado presente na evolução antes do surgimento de sistemas nervosos. Mas isso não quer dizer que organismos simples desprovidos de sistema nervoso foram (ou são) capazes de experiências mentais, começando pela experiência de sentimentos. Os sentimentos refletem um processo químico regulatório, a condição *inicial* sem a qual eles não poderiam ocorrer, mas é preciso que outra condição seja atendida: um diálogo entre a química corporal e a atividade bioelétrica de neurônios em um sistema nervoso. Moléculas reguladoras da química desencadeiam o processo dos sentimentos, mas não podem concluí-lo sozinhas.

Alicerçando sentimentos III

Agora talvez estejamos prontos para uma descida órfica às profundezas dos sentimentos. Mencionei que os sentimentos se originam na química profunda do organismo, mas será que podemos dizer alguma coisa sobre como e onde isso acontece? Os níveis mais profundos do processo dos sentimentos relacionam-se com a maquinaria química responsável por todo o escopo da regulação homeostática ao longo de várias vias. Sob as qualidades e intensidades que constituem as valorações expressas em sentimentos — suas valências — há moléculas, receptores e ações.

O modo como essa orquestra química faz seu trabalho é fascinante. Moléculas específicas atuam sobre receptores específicos e causam ações específicas. Essas ações são parte do árduo esforço pela manutenção da vida. Em si, elas já são suficientemente importantes, mas também é decisiva a dinâmica geral da qual fazem parte — a dinâmica que tem a missão de gerir a vida de um organismo específico. Até aí, é fácil compreender. Mas o que não é tão transparente é o modo como as ações resultantes do trabalho feito por moléculas e receptores podem nos ajudar a explicar, em nossas experiências subjetivas, os "estrondos" que os sentimentos podem causar em nós, que dirá a "qualidade" de um sentimento.

Ao tentarmos responder a essas questões, é útil lembrar que, embora as percepções simples de objetos ou ações no mundo externo a nós provenham de sondas neurais localizadas na periferia do organismo, os sentimentos se originam nas profundezas do nosso interior e não necessariamente em uma só região. Os mapas retinianos que nos ajudam a ver ou os corpúsculos na pele que nos ajudam a ter sensações táteis realizam milagres de detecção e descrição, mas são dispositivos "desinteressados" da nossa vida: não se envolvem de modo imediato nas tribulações e glórias da manutenção da vida, como fazem os sentimentos.

Como o verdadeiro *objeto* do sentimento ou da percepção nada mais é do que uma parte do próprio organismo, esse objeto se localiza, de fato, *dentro* do *sujeito/ indivíduo que percebe*. Espantoso! Nada comparável ocorre com nossas percepções externas — as visuais e as auditivas, por exemplo. Os objetos de percepções visuais ou auditivas não se comunicam com nosso corpo. A paisagem que vemos ou as músicas que ouvimos *não* estão em contato com nosso corpo, muito menos dentro dele. Existem num espaço fisicamente separado.

Na esfera do sentimento, a situação é bastante diferente. Como o objeto e o sujeito dos nossos sentimentos-percepções existem dentro do mesmo organismo, *eles podem interagir*. O sistema nervoso central pode modificar o estado corporal que origina um determinado sentimento e, ao fazer isso, modifica o que é sentido. *Essa é uma situação extraordinária que não tem contrapartida no mundo das percepções externas.* Você pode querer modificar um objeto durante o processo da visão, pode até desejar embelezar uma imagem específica que está contemplando. Infelizmente, não será capaz de fazer isso *na realidade*, apenas na sua imaginação.[1]

A perturbação física que distingue os sentimentos é explicada pela incessante provocação de ações no interior do nosso corpo, pelo subsequente reflexo dessas ações em mapeamentos neurais amplos em múltiplos níveis desse mesmo interior e pelo fato de que esses mapeamentos estão ligados a vários compartimentos e ações do corpo. Esses mapeamentos são a fonte primária das várias "colorações" dos sentimentos. Eles geram as *valências* — positiva ou negativa, prazerosa ou desconfortável, agradável ou desagradável — que o organismo experimenta.

As ações originadas no corpo são muito variadas. Podem ocorrer descontração e relaxamento de fibras musculares ou contração e estrangulamento de um órgão específico, ou movimento real de uma parte interna ou do esqueleto. Os perfis gerais de descontração e relaxamento, refletidos em mapas sequenciais cada vez mais diferenciados, contribuem para sentimentos que designamos com termos como *bem-estar* e *prazer*; os padrões de contração e estrangulação produzem o que chamamos de *desconforto* e *mal-estar*. Por fim, dado o mapa detalhado e interativo de um músculo localmente contraído ou de um ferimento, produzimos o desconforto extremo que designamos como *dor*.

O prazer e a dor sentidos em um organismo específico começam mais profundamente do que em órgãos e músculos. Eles têm início nas moléculas e nos receptores cujas ações transformam tecidos, órgãos e sistemas desse organismo. E eles continuam onde algumas dessas moléculas atuam sobre as redes neurais que processam os sinais gerados pelo corpo.

Alicerçando sentimentos IV

Acabamos de ver como o sistema nervoso está *no interior* do corpo e como o corpo e o sistema nervoso têm uma interação direta, sem necessidade de intermediação. Por outro lado, o sistema nervoso é *separado* do mundo externo ao organismo; ele mapeia o mundo externo por meio de processos sensoriais como a visão e a audição, que são firmemente radicados no corpo e o usam como intermediário.

Quando dizemos que "representamos" ou "mapeamos" objetos do mundo à nossa volta, a noção de "mapear" introduz uma distância entre o "mapa" e "as coisas mapeadas", como deveria ser. Muitas vezes há um abismo entre o mapa e o objeto, como quando, alguns minutos atrás, fui até o terraço e assisti enquanto o sol se punha atrás das montanhas de Santa Monica e vi o crepúsculo esbraseado em seguida.

Precisamos ter cuidado ao usar a noção de mapeamento quando nos referimos ao nosso corpo e à geração de sentimentos, como se os mapas fossem um puro "reflexo" ou "retrato" da estrutura e estado do corpo, outro exemplo de percepção isolada.

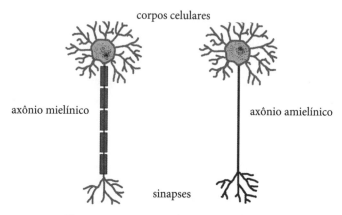

Figura 1: *Axônios mielínicos e amielínicos.
Os axônios amielínicos não têm isolamento.*

Nossos sentimentos não são apartados. Na prática, há pouca distância entre os sentimentos e as coisas sentidas. Os sentimentos se fundem às coisas e aos eventos que sentimos graças ao diálogo profundo e excepcional entre estruturas do corpo e o sistema nervoso. Essa intimidade, por sua vez, é um produto das particularidades do sistema encarregado de emitir sinais do corpo para o sistema nervoso, isto é, o *sistema interoceptivo*.[1]

A primeira particularidade da interocepção é a ausência disseminada de isolamento mielínico na maioria dos neurônios interoceptivos. Neurônios típicos têm um *corpo celular* e um *axônio*, sendo este último um "cabo" que leva à *sinapse*. Por sua vez, a sinapse faz contato com o neurônio seguinte e permite ou bloqueia sua atividade. O resultado é o disparo ou o silêncio do neurônio.

A mielina atua como isolante do cabo de transmissão, impedindo contatos químicos e bioelétricos externos. Na ausência de mielina, porém, as moléculas ao redor de um axônio interagem com ele e alteram seu potencial de disparo. Além disso, outros neurônios podem fazer contatos sinápticos ao longo do axônio em vez de na sinapse do neurônio, gerando o que chamamos de *sinalização não sináptica*. Essas operações são *neuralmente impuras*; não estão verdadeiramente separadas do corpo que as abriga. Em contrapartida, a predominância de axônios mielínicos isola os neurônios e suas redes das influências de seu entorno.

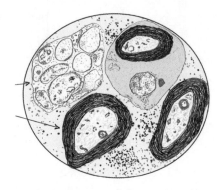

Figura 2: *Seção transversal de um nervo importante mostrando axônios (a) amielínicos e (b) mielínicos.*

Uma segunda particularidade da interocepção está na ausência da barreira que em geral separa atividades neurais da corrente sanguínea, conhecida como barreira hematoencefálica (quando se trata do sistema nervoso central) ou barreira hemato*neural* (no caso do sistema nervoso periférico). A ausência de uma barreira é especialmente notável em regiões cerebrais relacionadas ao processo interoceptivo, como os gânglios espinhais e do tronco encefálico, onde as moléculas em circulação podem fazer contato direto com o corpo celular dos neurônios.

As consequências dessas particularidades são impressionantes. A ausência de isolamento mielínico e de barreira hematoencefálica permite que *sinais provenientes do corpo interajam diretamente com sinais neurais*. A interocepção não pode, de modo algum, ser considerada uma representação perceptual simples do corpo dentro do sistema nervoso. Em vez disso, o que ocorre é uma ampla mistura de sinais.

Alicerçando sentimentos v

A esta altura, cabe deixar clara a origem dos sentimentos. Eles se originam no interior dos organismos, nas profundezas de vísceras e fluidos onde a química responsável pela vida em todos os seus aspectos reina suprema. Falo das operações dos sistemas endócrino, imune e circulatório encarregadas do metabolismo e da defesa.

E quanto à "função" dos sentimentos? Embora a história das culturas e até a história da ciência tenham feito o papel dos sentimentos parecer não apenas misterioso, mas até mesmo insondável, a resposta é evidente: eles ajudam a gerir a vida. Mais especificamente, sentimentos atuam como sentinelas. Eles *informam à mente — caso ela tenha a sorte de ser assim equipada — o estado da vida no interior do organismo ao qual essa mente pertence.* Além disso, *os sentimentos dão a essa mente um incentivo para agir de acordo com o sinal, positivo ou negativo, de suas mensagens.*

Os sentimentos coletam informações sobre o estado da vida no interior do organismo, e as "qualidades e intensidades" manifestadas por eles constituem *valorações* do processo de gestão da vida. São expressões diretas do grau de êxito ou fracasso do empreendimento da vida em nosso corpo. Manter-se vivo é uma tarefa árdua, e nosso corpo se empenha em um esforço complexo e multicêntrico para tornar a vida não meramente, mas robustamente possível. A robustez da vida é sentida como "plenitude" e "prosperidade"; um processo vital equilibrado se traduz como "bem-estar". Por outro lado, "desconforto", "mal-estar" e "dor" indicam uma deficiência no esforço para manter a vida.

A situação dramática que nós, seres vivos, enfrentamos está ligada à manutenção da coerência e da coesão no nosso organismo vivo. A coerência e a coesão dos objetos inanimados à minha volta neste momento não representam problema algum para esses objetos nem para mim. Em grande medida, os objetos são perpétuos, a menos que eu decida golpear com um machado a mesa onde escrevo, a cadeira onde me sento ou as prateleiras e os livros que me circundam. Isso não se aplica à minha vida e ao organismo que ela anima. Preciso alimentá-los com café da manhã e almoço, preciso manter o corpo em um ambiente com temperatura adequada, prevenir ou evitar doenças ou tratá-las se as contrair. Preciso, inclusive, manter e nutrir relações sociais saudáveis com as pessoas do meu convívio para que circunstâncias originadas no mundo social não interfiram no meu estado interior e perturbem o processo de manutenção da vida com base nas necessidades homeostáticas.[1]

Originados no interior dos nossos organismos ajustáveis e dinâmicos, os sentimentos são tanto *qualitativos* como *quantitativos*. Manifestam *valência* — as graduações de qualidade que fazem seus alertas e recomendações valerem o esforço e motivam nossas ações conforme necessário. Assim que experimento sentimentos homeostáticos — uma situação que reflete uma avaliação do meu interior quando prevalecem certos perfis fisiológicos —, tomo conhecimento, em primeira mão, do estado da minha vida, e a valência negativa ou positiva da experiência recomenda que eu corrija a situação, ou que a aceite e tome pouca ou nenhuma providência. Faz com que eu entre prontamente em ação ou relaxe e aproveite.

Considere a diferença da situação quando olho para os objetos ao meu redor, ouço sons ambientes, toco em um objeto ou vejo outros organismos vivos. Nessa circunstância, também sou o receptor de informações. Ainda estou sendo "informado" da presença e de características dos objetos ou organismos, porém agora a fonte dos dados é o mundo externo e seus objetos e seres. Estou sendo informado sobre externalidades, não sobre o interior das entidades que vejo, ouço ou toco. Uma distância perceptual separa-me dessas entidades. Elas *não estão dentro do meu organismo*.

Alicerçando sentimentos VI

Sentimentos como fome e sede indicam de forma muito clara uma queda em fontes de energia ou um declínio da quantidade ideal de moléculas de água. Felizmente, dado que nenhuma dessas reduções é compatível com a continuidade da vida, muito menos com uma vida saudável, os sentimentos fazem mais do que fornecer informações valiosas: eles nos forçam a agir de acordo com as informações. Eles motivam nossas ações.

A trajetória por trás do processo dos sentimentos é clara: uma infinidade de micromensagens básicas viaja de tecidos e órgãos do corpo para (a) o sangue em circulação e daí para o sistema nervoso ou diretamente para (b) terminais nervosos existentes em tecidos e órgãos do corpo. Quando os sinais chegam ao sistema nervoso central — na medula espinhal e no tronco encefálico, por exemplo —, deparam com vários caminhos possíveis que conduzem a diversos centros neurais onde o processo dos sentimentos pode continuar avançando. Por fim, essas complicadas trajetórias dos sinais resultam na produção de imagens mentais informativas. Imagens como boca seca, roncos no estômago ou a mera falta de energia sinalizada por fraqueza funcionam como indicadoras de problemas. São acompanhadas de preocupação e desconforto — um estado emotivo —, que, por sua vez, motivam uma resposta sob a forma de ação corretiva.

Muitas das respostas que os sentimentos promovem ou exigem são executadas automaticamente, sem necessidade de intervenção baseada em raciocínio. O exemplo extremo ao qual já aludi pode ser encontrado nos processos da respiração e da micção. Uma redução ou interrupção do fluxo de ar, como a que ocorre na asma grave ou na pneumonia, é automaticamente acompanhada de um estado desesperador de "fome de ar" — um termo literal e preciso — e do pânico que ele causa na vítima e nas pessoas que presenciam a crise. A necessidade de urinar resultante da bexiga cheia é menos dramática que a fome de ar e pode até dar margem a piadas, mas é outro exemplo de crise homeostática traduzida em termos emotivos poderosos e sentida como um imperativo, um impulso inevitável.[1]

Em suma, a natureza nos dotou dos alarmes contra incêndio, dos carros de bombeiro e das instalações médicas. Um sinal de que a natureza andou aperfeiçoando essa estratégia está na descoberta recente de controles de respostas imunes no sistema nervoso central. Esses controles estão localizados no diencéfalo, um setor do sistema nervoso central situado abaixo do córtex cerebral e acima do tronco encefálico e da medula espinhal. A região encarregada desse controle imunitário é conhecida como hipotálamo, um célebre orquestrador do sistema endócrino que regula a secreção da maioria dos hormônios em todo o corpo. As novas descobertas mostram que o hipotálamo ordena ao baço que produza anticorpos contra certos agentes infecciosos. Em outras palavras, o sistema imune atua com a cumplicidade do sistema nervoso para promover a homeostase sem pedir nenhuma ajuda para nós, supostos controladores conscientes do nosso destino.

Igualmente fascinante é a conexão entre as instâncias neurais superiores do processo dos sentimentos — os córtices insulares — e a inervação da mucosa do estômago. Sabemos que úlceras estomacais têm como causa direta uma bactéria específica, mas a regulação das emoções do indivíduo é um fator no processo que permite ou não à bactéria causar a úlcera.

Alicerçando sentimentos VII

Quando nos perguntamos onde começam os sentimentos homeostáticos, uma primeira resposta razoável é que eles se iniciam em conjuntos de moléculas que indicam estados vitais vantajosos ou desvantajosos no que diz respeito a parâmetros fisiológicos como (a) balanço energético positivo ou negativo; (b) presença ou ausência de (i) inflamação, (ii) infecção, (iii) reações imunes; e (c) harmonia ou discordância na execução de impulsos e objetivos.

A gama de moléculas fundamentais envolvidas é grande. Inclui opioides, serotonina, dopamina, epinefrina e norepinefrina e substância P, todas com grande participação nas operações dessa esfera. Algumas dessas moléculas, que historicamente são quase tão antigas quanto a vida e atuam em muitos organismos *sem* sistema nervoso, são conhecidas, infelizmente, como "neurotransmissores". O uso desse termo impróprio decorre do fato de terem sido descritas pela primeira vez em seres dotados de cérebro. Mas o efeito dessas moléculas nem sempre termina quando elas são liberadas. As mudanças que impõem ao funcionamento de sistemas corporais podem mais adiante ser traduzidas pela interocepção, que é levada a influenciar o sistema nervoso central e, mais uma vez, alterar as experiências mentais do momento. Esse processo é realizado por meio de terminais de fibras nervosas distribuídos pelos tecidos do corpo — pele, vísceras torácicas e abdominais, vasos sanguíneos — e por meio da projeção desses terminais nervosos nos gânglios espinhais e trigeminais e na medula espinhal. Dali esses neurônios podem sinalizar para os núcleos do tronco encefálico (o núcleo parabraquial e a substância periaquedutal mesencefálica), para os núcleos da amígdala e do prosencéfalo basal. Por fim, esses sinais podem chegar aos córtices cerebrais das regiões insular e cingulada.

Nem todos os sentimentos homeostáticos são arautos de más notícias ou indicam perigo à frente. Quando o organismo está funcionando com um bom equilíbrio entre o que ele requer para operar bem e o que ele recebe, quando o clima do entorno é adequado e quando estamos à vontade e sem conflitos em nosso ambiente social, o sentimento homeostático mais destacado é o *bem-estar*, disponível em vários modos e intensidades. O bem-estar pode tornar-se tão abundante e concentrado que se eleva à experiência de prazer. De forma análoga, no mundo dos sentimentos homeostáticos negativos, o mal-estar pode ser tão intensamente concentrado que se torna *dor*.

O sentimento homeostático da dor possibilita um diagnóstico automático: já ocorreu dano em alguma região de tecido vivo, ou está prestes a ocorrer, e ocorrerá se a situação não for corrigida depressa. A agressão tem de ser removida ou mitigada. A substância P é um agente crucial no processo da dor, e a secreção de cortisol e corticosterona é parte da resposta às agressões que conduzem à dor.[1]

Sentimentos homeostáticos em um contexto sociocultural

Conhecemos bem o modo direto como a doença traz desconforto e dor e como a saúde exuberante produz prazer. É comum, porém, que desconsideremos o fato de que situações psicológicas e socioculturais também têm acesso à maquinaria da homeostase, de modo a resultar também em dor ou prazer, mal-estar ou bem-estar. Em sua infalível busca pela economia, a natureza não se deu o trabalho de criar outros dispositivos para lidar com a boa ou má situação da nossa psicologia pessoal ou condição social. Ela se vira com os mesmos mecanismos. Dramaturgos, romancistas e filósofos sabem disso há muito tempo, mas o fato permanece pouco valorizado, talvez porque o modo como as coisas funcionam tende a ser ainda mais nebuloso quando se trata de sociedade e cultura do que quando lidamos com os rigores do contexto médico. Ainda assim, a dor da vergonha social é comparável à de um câncer agressivo, uma traição pode nos dar uma sensação de punhalada, e os prazeres resultantes da admiração social, para o bem ou para o mal, podem ser verdadeiramente orgásticos.[1]

"Mas este sentimento não é puramente mental"

O verso acima está na letra da música "I Won't Dance" [Não quero dançar], composta por Jerome Kern e consagrada por Fred Astaire, Frank Sinatra e Ella Fitzgerald. Boa parte de seu sucesso se deve às palavras que Dorothy Fields e Jimmy McHugh incluíram na letra da música em sua versão revista: o verso "Mas este sentimento não é puramente mental" é seguido de "porque não sou santo, nem feito de amianto".* A implicação picante é que o amor não está apenas na mente, mas também na excitação física que o mocinho sente quando dança com sua amada. Ele não é feito de amianto, é um ser humano de carne e osso e reage *fisicamente* à proximidade e ao clima romântico! Constrangido, ele não quer mais dançar.

Às vezes a sabedoria popular ganha da ciência laboriosa. Os sentimentos não são puramente mentais; são híbridos da mente e do corpo; passam com facilidade da mente para o corpo e vice-

---

* Tradução livre de *"But this feeling isn't purely mental/ For heaven rest us, I'm not asbestos"*. (N. T.)

-versa; e perturbam a paz mental — essas são as noções da música e as noções que quero transmitir neste capítulo. Só preciso acrescentar que o poder dos sentimentos decorre do fato de que eles estão presentes na *mente consciente*: tecnicamente falando, sentimos porque a mente é consciente, e somos conscientes porque há sentimentos! Não estou fazendo um jogo de palavras, apenas declaro fatos que, apesar de parecerem paradoxais, são muito verdadeiros. Sentimentos foram e são o princípio de uma aventura chamada consciência.

PARTE IV
SOBRE CONSCIÊNCIA E CONHECIMENTO

Por que a consciência?
Por que agora?

Talvez você se pergunte por que tantos filósofos e cientistas andam escrevendo sobre a consciência, ou por que um assunto que até pouco tempo atrás não sobressaía na literatura, muito menos entre o público em geral, agora é tema destacado de trabalhos acadêmicos e alvo de curiosidade. No entanto, a resposta é simples: a consciência é importante, e o público enfim percebeu isso.

A importância da consciência advém do que ela proporciona diretamente para a mente humana e do que ela permite que a mente descubra em seguida. A consciência possibilita experiências mentais, do prazer à dor, em conjunto com tudo o que percebemos, memorizamos, relembramos e manipulamos enquanto descrevemos o mundo que nos cerca e o mundo dentro de nós no processo de observar, pensar e raciocinar. Se removêssemos o componente consciente dos nossos estados mentais correntes, você e eu ainda teríamos imagens fluindo pela mente, mas seriam imagens desvinculadas de nós como indivíduos singulares. As imagens não pertenceriam a você, a mim ou a qualquer outro. Fluiriam sem amarras. Ninguém saberia a quem essas imagens pertencem. Sísifo seria beneficiado. Ele é uma figura trágica só porque sabe que a situação abominável que enfrenta é *dele*.

Nada pode ser *conhecido* na ausência de consciência. A consciência foi indispensável para o surgimento de culturas humanas, por isso contribuiu para mudar o rumo da história da humanidade. É difícil exagerar a importância da consciência. Ao mesmo tempo, é fácil exagerar a dificuldade de compreender como a consciência surge e torná-la assim um mistério impenetrável.

Mas por que escrevo sobre a importância da consciência para os *humanos* se é muito provável que todos os vertebrados e muitas espécies de invertebrados também são dotados de consciência? Para esses seres, a consciência não seria importante? Certamente é, e não estou menosprezando as capacidades e a importância dos não humanos. Apenas ressalto os seguintes fatos: (1) a experiência humana de dor e sofrimento tem sido responsável por uma criatividade extraordinária, direcionada e obsessiva, que ocasiona a invenção de todo tipo de instrumentos capazes de contrapor-se aos sentimentos negativos que iniciaram o ciclo criativo; (2) o bem-estar e o prazer conscientes motivam nos humanos maneiras infinitas de assegurar e melhorar as condições favoráveis à sua vida, no âmbito individual e em sociedade. Os não humanos, com raras mas notáveis exceções, também respondem à dor ou ao bem-estar nos mesmos termos, porém de modo mais simples e mais direto que nós. É evidente que os não humanos têm sido bem-sucedidos em evitar ou mitigar causas de dor e sofrimento, porém não foram capazes, por exemplo, de modificar as origens dessas causas. Os desdobramentos da consciência para os humanos têm sido imensamente mais variados e abrangentes. Saliento que isso ocorre não porque os mecanismos centrais da consciência sejam diferentes nos humanos — acredito que não sejam —, mas porque os recursos intelectuais dos humanos são muito superiores e mais diversos. Esses recursos mais amplos permitiram aos humanos responder às experiências opostas do sofrimento e do prazer inventando novos objetos, ações e ideias que se traduziram na criação de culturas.[1]

Existem algumas aparentes exceções a esse panorama. Uma pequena fração de insetos, conhecidos como "sociais", conseguiu reunir um conjunto complexo de respostas "criativas" cuja montagem obedece ao conceito geral de "cultura". É o caso das abelhas e das formigas, com a urbanidade e a civilidade bem-organizadas de suas "cidades" cuidadosamente construídas. Serão esses insetos por demais pequenos e modestos para serem dotados de consciência e terem sua criatividade fomentada por ela? Nada disso. Desconfio que sejam impelidos pelos sentimentos conscientes que experimentam. A inflexibilidade da maioria de seus comportamentos limita a evolução de suas proezas culturais — um modo delicado de dizer que em grande medida elas são "fixas" e não evoluem. No entanto, isso não deve diminuir nosso assombro com o fato de esses avanços terem ocorrido 100 mil anos atrás nem com o papel que a consciência provavelmente desempenhou nisso.

Outro aspecto acerca do impacto especial da consciência nos humanos relaciona-se ao modo como certos mamíferos respondem à morte de outros, evidenciado, por exemplo, nos ritos fúnebres dos elefantes. Sem dúvida, a consciência de seu próprio sofrimento causada pela observação do resultado da dor e da morte em seus semelhantes atuou na composição de respostas desse tipo. A diferença em relação aos humanos está na escala de invenção e no grau de complexidade e eficácia vistos na construção das respostas. Essas exceções em geral corroboram a ideia de que as diferenças de resposta estão relacionadas ao calibre intelectual das espécies e não à natureza da consciência na espécie em questão.

* * *

É razoável perguntar se a eficácia das respostas que a consciência possibilita provém sobretudo do lado negativo ou do lado positivo dos sentimentos, de sua valência negativa ou positiva. A dor, o sofrimento e a compreensão da mortalidade são especialmente capacitadores, mais ainda, a meu ver, do que bem-estar e prazer. Nesse sentido, desconfio que as religiões se desenvolveram fundamentadas nessa compreensão, com destaque para as religiões abraâmicas e o budismo. Em certa medida, em termos históricos e evolucionários, a consciência foi um fruto proibido que, uma vez comido, tornou o indivíduo vulnerável à dor, ao sofrimento e, em última análise, exposto a um confronto trágico com a mortalidade. Essa perspectiva é compatível com a ideia de que a consciência é introduzida na evolução por sentimentos — não sentimentos quaisquer, mas especialmente sentimentos negativos.

A morte foi bem estabelecida como fonte de tragédia em narrativas bíblicas e no teatro grego, e permanece presente em iniciativas artísticas. W. H. Auden sintetiza a ideia em um poema que retrata humanos como gladiadores exaustos mas rebeldes que suplicam a um imperador cruel dizendo: "Nós, que temos de morrer, exigimos um milagre". Auden escreve *exigimos* e não *requeremos* ou *pedimos*, um sinal inequívoco de um poeta que chegou ao seu limite, assistindo com desespero ao inescapável desmoronamento do indivíduo humano. Auden dera-se conta de que "nada que seja possível pode nos salvar", uma conclusão nem um pouco original que se insinuou na história da fundação de muitas religiões e sistemas filosóficos e ainda impele mortais de todas as partes a seguir a orientação das igrejas que lhes dão assistência em seus vales de lágrimas.[2]

No entanto, apenas a dor, a dor sozinha, sem a perspectiva

do prazer, teria promovido os esforços para evitar o sofrimento, mas não a busca pelo bem-estar. Em última análise, somos marionetes da dor e do prazer, libertados ocasionalmente por nossa criatividade.

Consciência natural

Se usada inesperadamente e desacompanhada de uma definição apropriada, a palavra "consciência" adquire múltiplos significados e se torna um pesadelo linguístico. A jovem palavra inglesa *consciousness* nem sequer existia no tempo de Shakespeare e não tem correspondente direto em línguas românicas; em francês, italiano, português e espanhol é preciso quebrar o galho com o equivalente de *conscience* e usar o contexto para esclarecer qual significado de "consciência" o falante quer transmitir.[1]

Alguns dos vários significados de consciência relacionam-se à perspectiva do observador/ usuário. Filósofos, psicólogos, biólogos ou sociólogos enfocam a consciência de modos distintos. E o mesmo podemos dizer das pessoas comuns, que ouvem, dia e noite, que estão ou deixam de estar "conscientes" de certos problemas e precisam se perguntar se consciência é o nome erudito para estar acordado, atento ou apenas possuir uma mente. Contudo, discretamente, oculto sob a sua bagagem cultural, existe um *significado essencial* da palavra "consciência" que neurocientistas, biólogos, psicólogos ou filósofos contemporâneos podem reconhecer, muito embora estudem o fenômeno com métodos variados e o expliquem de modos diferentes. Para todos eles, o mais das vezes, "consciência" é sinônimo de *experiência mental*. E o que vem a ser experiência mental? É um estado da *mente* imbuído de duas características impressionantes e relacionadas: os conteúdos mentais que ele exibe são *sentidos* e adotam uma *perspectiva* singular. Uma análise mais aprofundada revela que a perspectiva singular é a do organismo específico ao qual a mente é inerente. Os leitores que detectaram uma afinidade entre as noções de "perspectiva do organismo", "self" e "sujeito" não estão errados. Tampouco estarão errados quando se derem conta de que "self", "sujeito" e "perspectiva do organismo" correspondem a algo bastante tangível: a realidade da "propriedade". O "organismo é o proprietário de sua mente específica"; a mente pertence a seu organismo específico. Nós — eu, você, quem quer que seja a entidade consciente — somos proprietários de um organismo animado por uma mente consciente.

Para tornar essas considerações o mais transparentes possível, precisamos deixar claro o significado dos termos *mente*, *perspectiva* e *sentimento*. *Mente*, como já definimos, é um modo de fazer referência à produção e exibição ativas de imagens originadas da percepção real, da evocação de memórias ou de ambas as fontes. As imagens que constituem uma mente fluem em um cortejo sem fim e, ao fazerem isso, descrevem todo tipo de atores e objetos, todo tipo de ações e relações, todo tipo de qualidades, com e sem traduções simbólicas. Imagens, de todos os tipos — visuais, auditivas, táteis, verbais etc. —, individualmente ou em combinação, são veículos naturais de conhecimento, *transportam conhecimento*, significam, de forma explícita, conhecimento.

Perspectiva se refere a "ponto de vista", contanto que não haja dúvida de que, quando uso a palavra "vista", não estou falando apenas de visão. A consciência de pessoas cegas também tem uma perspectiva, porém totalmente desvinculada do processo de enxergar. Quando uso a expressão ponto de vista, falo de algo mais geral: a relação que *eu* tenho não apenas com o que *eu* vejo, mas também com o que ouço ou toco e, mais importante, até com o que *eu* percebo no meu corpo. A perspectiva de que falo é a do "proprietário" da mente consciente. Em outras palavras, corresponde à perspectiva de um organismo vivo *como ela é expressa pelas imagens que fluem dentro de sua mente* quando atua no interior desse mesmo organismo.

Mas podemos ir um pouco além em nossa busca pela origem da perspectiva. Em relação ao mundo que nos cerca, a perspectiva comum à maioria dos organismos vivos é definida, em grande medida, a partir da *cabeça* desses organismos. Isso se deve, em parte, à localização das sondas sensoriais — da visão, audição, olfato, paladar e até equilíbrio — na parte superior (ou na extremidade frontal) do corpo. E obviamente nós, seres refinados, também sabemos que o cérebro está na cabeça!

Mas é curioso que, em relação ao mundo no interior do nosso organismo, a perspectiva é dada por sentimentos que revelam a inequívoca ligação natural entre mente e corpo. Os sentimentos permitem que a mente saiba, automaticamente, sem perguntas, que mente e corpo estão juntos, cada um pertence ao outro. *A clássica lacuna que separa corpos físicos de fenômenos mentais é naturalmente preenchida graças aos sentimentos.*

O que mais é preciso dizer sobre os sentimentos no contexto da consciência? Precisamos afirmar que a autorreferência não é uma característica opcional dos sentimentos, e sim uma característica definidora, indispensável. E podemos nos aventurar mais: podemos declarar que sentir é um componente fundamental da consciência elementar.

Para o caso de nos distrairmos com a saga da importância dos sentimentos, também precisamos lembrar que todos os sentimentos são dedicados a refletir o estado da vida no interior de um corpo, seja esse estado espontâneo ou modificado pela emoção. Isso se aplica por completo a todos os sentimentos que participam do processo de gerar consciência.

Em suma, os sentimentos continuamente exibidos em uma mente e tão essenciais à produção de consciência têm duas fontes. Uma fonte é o trabalho incessante de gerir a vida no interior do corpo, que, como não poderia deixar de ser, reflete seus altos e baixos — bem-estar, mal-estar, fome de alimento e de ar, sede, dor, desejo, prazer. Como já vimos, esses são exemplos de "sentimentos homeostáticos". A outra fonte de sentimentos é o conjunto de reações emotivas, fracas ou fortes, que os conteúdos mentais frequentemente estimulam: medos, alegrias, irritações. Suas expressões mentais são conhecidas como "sentimentos emocionais", e fazem parte da produção multimídia que constitui as narrativas internas. Os sentimentos gerados sem parar por esses dois mecanismos também se incorporam às narrativas, porém são, para começar, dispositivos na construção do processo consciente. De fato, a variedade homeostática dos sentimentos ajuda a construir o ponto de partida do nosso ser.[2]

Portanto, a consciência é um *estado particular da mente* resultante de um processo biológico para o qual contribuem vários eventos mentais. As operações do interior do corpo sinalizadas por meio do sistema nervoso interoceptivo contribuem com o *componente do sentimento*, enquanto outras operações do sistema nervoso central contribuem com imagens que descrevem o mundo ao redor do organismo e sua estrutura musculoesquelética. Essas contribuições convergem, de modo ordenado, para produzir algo bastante complexo e, no entanto, perfeitamente natural: a abrangente experiência mental de *um organismo vivo surpreen-*

dido, momento após momento, no ato de apreender o mundo dentro de si e, prodígio dos prodígios, o mundo que o cerca. O processo consciente apreende a vida no interior de um organismo, como ela é expressa em termos mentais, e a situa em suas próprias fronteiras físicas. Mente e corpo compartilham a propriedade desse conjunto, com certidão registrada em cartório, e celebram incansavelmente sua sorte, boa ou má, até adormecerem.

O problema da consciência

Diferentes ramos da psicologia — com a ajuda da biologia geral, da neurobiologia, da neuropsicologia, da ciência cognitiva e da linguística — fizeram um progresso extraordinário na elucidação de percepção, aprendizado e memória, atenção, raciocínio e linguagem. Também lograram um avanço significativo na compreensão dos afetos — impulsos, motivações, emoções, sentimentos — e de comportamentos sociais.

As estruturas biológicas ou os processos que alicerçam quaisquer dessas funções não têm nada de transparente, quer sejam estudados com base em suas manifestações públicas, quer de uma perspectiva subjetiva. Foi preciso trabalho árduo, inventividade e uma convergência de esforços teóricos e métodos laboratoriais para desenvolver a ciência desses problemas variados. Assim, é surpreendente vermos que a consciência é discutida como se fosse isolada e tivesse um status especial, como se fosse um problema único, não só difícil de investigar, mas insolúvel. Alguns estudiosos da consciência procuraram sair do impasse apresentando uma proposta extrema conhecida como "pampsiquismo". Os pampsiquistas falam sobre consciência e mente como se fossem permutáveis, o que é bastante problemático. Ainda mais problemático é o fato de eles considerarem que mente e consciência são fenômenos ubíquos, presentes em todos os seres vivos, partes integrantes do estado vital. Todos os organismos unicelulares e todas as plantas teriam sido contemplados por sua parcela de consciência. E por que se limitar aos seres vivos? Para alguns, até o universo e todas as pedras que ele contém são conscientes e dotados de mente.[1]

As razões para que ideias como essas tenham sido aventadas relacionam-se a uma posição injustificada: o que funcionou para compreendermos outros aspectos da mente não bastou para resolver o problema da consciência. Não vejo evidências de que isso seja verdade. A biologia geral, a neurobiologia, a psicologia e a filosofia da mente têm as ferramentas necessárias para resolver o problema da consciência e até para avançar bastante na solução de um problema mais profundo subjacente: o tecido da própria mente. E a física também pode ajudar.

Uma questão importante nos estudos da consciência é o que hoje se costuma chamar de "o problema difícil", uma designação introduzida na literatura especializada pelo filósofo David Chalmers.[2] Em suas palavras, um aspecto importante do problema é "por que e como processos físicos no cérebro originam experiência consciente?".

Resumidamente, o problema consiste na suposta impossibilidade de explicar como um dispositivo físico-químico conhecido como cérebro — feito de *objetos físicos* conhecidos como neurônios (bilhões deles) interligados por sinapses (trilhões delas) — poderia gerar *estados mentais*, que dirá estados mentais *conscientes*. Como o cérebro poderia gerar estados mentais indefectivelmente ligados a um indivíduo específico? E como esses estados gerados pelo cérebro *são sentidos como alguma coisa*, segundo a suposição do filósofo Thomas Nagel?[3]

No entanto, a formulação biológica do problema difícil é infundada. Perguntar por que processos físicos "no cérebro" originam uma experiência consciente é a questão errada. Embora o cérebro seja parte indispensável da geração de consciência, nada indica que ele gere consciência sozinho. Ao contrário, os tecidos não neurais do corpo propriamente dito contribuem em grau importante para a criação de qualquer momento consciente e devem ser parte da solução do problema. Isso ocorre de forma mais perceptível por meio do processo híbrido de sentir, cuja contribuição consideramos crucial para a produção de mentes conscientes.[4]

O que significa dizer "sou consciente"? No nível mais simples imaginável, significa dizer que minha mente, no momento específico em que me declaro consciente, está em posse de um conhecimento que me identifica espontaneamente como o proprietário dela. Em essência, o conhecimento relaciona-se a *mim* de vários modos: (a) ao meu corpo, sobre o qual sou informado todo o tempo com mais ou menos detalhes por meio de sentimentos, (b) em conjunto com fatos que evoco da memória que podem se relacionar (ou não) ao momento perceptual e também são parte integrante de mim. A dimensão da festa de conhecimento que torna a mente consciente varia dependendo de quantos convidados de honra estão presentes, porém certos convidados não são apenas de honra, mas também obrigatórios. São eles: primeiro, *conhecimento sobre as operações correntes do meu corpo*; segundo, *conhecimento, recuperado da memória, sobre quem sou no momento e quem fui recentemente e no passado remoto*.

Não cairei na armadilha de dizer que a consciência é assim tão simples, pois ela não é nem um pouco simples. Não se ganha nada subestimando a complexidade gerada por tantas partes móveis e pontos de articulação. Contudo, por mais complicada que seja a consciência, ela não parece ser — ou não precisa permanecer — misteriosa ou impossível de decifrar em termos do que ela é feita, mentalmente falando.

Tenho imensa admiração pelo modo como nossos organismos vivos — as partes que chamamos de neurais e as que tendemos a desconsiderar e menosprezar como "o resto do corpo" — combinam os processos que resultam em estados mentais imbuídos de sentimento e de uma sensação de referência pessoal. Mas admiração não requer a invocação de um mistério. A noção de mistério e a ideia de que uma explicação biológica está fora do nosso alcance não se aplicam. É possível encontrar respostas para as perguntas, e os enigmas podem ser decifrados. Ainda assim, é assombroso o que a combinação de vários arranjos funcionais relativamente claros acabou produzindo em nosso benefício.[5]

Para que serve a consciência?

Essa é uma pergunta importante, mas poucos a fazem a sério. A ideia de que a consciência é inútil foi aventada, mas se a consciência não servisse para nada, ainda existiria? De modo geral, funções úteis são mantidas e buriladas na evolução biológica, enquanto as inúteis tendem a ser descartadas — esse é o trabalho da seleção natural. Inútil, com certeza, a consciência não é.

Primeiro, a consciência ajuda os organismos a controlar sua vida obedecendo aos rigorosos requisitos para a sua regulação. Isso vale para muitas espécies não humanas que nos precederam e vale em um grau extraordinário para os humanos. Não deveria ser surpresa. Afinal de contas, uma das bases da consciência é o sentimento, cujo propósito é nos ajudar a gerir a vida de acordo com os requisitos homeostáticos. Tentando ser justos para com o nascimento da consciência, poderíamos dizer que existe uma cronologia, que o sentimento emergiu na evolução apenas meio passo à frente da consciência, que o sentimento é, no sentido literal, um degrau para a consciência. A realidade, porém, é que o valor funcional dos sentimentos vem do fato de que eles inequivocamente se situam no organismo do seu proprietário, habitam a mente desse organismo ao qual pertencem. Sentimentos originaram a consciência e, num ato de generosidade, presentearam o resto da mente com ela.

Segundo, quando um organismo é muito complexo — quando possui um sistema nervoso capaz de sustentar uma mente —, a consciência torna-se uma vantagem indispensável *na luta para gerir a vida com êxito*.

É possível que organismos vivos independentes se desenvolvam sem mente nem consciência, como vemos no caso das bactérias e das plantas. Seus problemas de existência e persistência podem ser resolvidos com muito menos ostentação por uma poderosa *capacidade sem mente*, uma espécie precursora, furtiva e muito inteligente, da mente e da consciência combinadas. Qualifico essa capacidade como "furtiva" porque ela gere muito bem a vida de seres desprovidos de consciência sem os aparatos atléticos das experiências subjetivas.

Contudo, é preciso salientar um aspecto importante: as mentes conscientes, além de produzirem uma gestão explicitamente inteligente, também são ajudadas por uma inteligência não explícita quando necessário. Desassistida e sem controle, a vida não é possível. Precisa ser administrada. Ou uma mente consciente ou uma capacidade não explícita é indispensável para uma boa gestão da vida, mas nem todas as espécies requerem todo o escopo — do não consciente até o consciente — da gestão inteligente.

Como a consciência invariavelmente liga a mente a um organismo específico, ela auxilia a mente a priorizar o atendimento das necessidades particulares desse organismo. E quando um organismo pode descrever mentalmente o grau de suas necessidades e é capaz de aplicar conhecimento para atender a essas necessidades, então o universo se abre a ele para ser conquistado. A mente consciente ajuda o organismo a identificar com clareza o que é requerido para sua sobrevivência e, com base em sentimentos, trabalha para atender a esses requisitos. Com frequência, dependendo do grau de sentimento envolvido, a consciência pode pedir e até impor uma resposta às necessidades identificadas. Conhecimento explícito e raciocínio fornecem recursos não disponíveis a formas de capacidade implícitas, que são governadas por variedades ocultas de inteligência e respondem somente à homeostase básica. O conhecimento e o raciocínio criativo inventam respostas novas para necessidades específicas.

Os organismos dotados de mente consciente adquirem vantagens notáveis. Acompanhando seu grau de intelecto e criatividade, seu campo de ação se amplia. Eles são capazes de lutar pela vida em contextos mais variados. Podem fazer frente a uma variedade maior de obstáculos e têm mais chance de vencê-los. A consciência expande seu habitat.

Os organismos com grande capacidade mental usam a consciência — ou seja, a noção da propriedade dessas capacidades mentais pelo seu corpo — em seus cálculos e esforços criativos. Todo o seu programa de comportamento se beneficia da consciência. Em vez de perguntar por que nossos processos criativos devem ser acompanhados pela consciência, deveríamos indagar como quaisquer dos nossos melhores comportamentos seriam possíveis — quanto mais úteis — na ausência de consciência.

Mente e consciência não são sinônimos

Demorei a perceber que parte dos problemas que enfrentamos quando debatemos sobre a consciência provém de uma confusão grave. Consciência é um estado singular da mente, mas os termos "consciência" e "mente" costumam ser usados como se fossem sinônimos e correspondessem ao mesmo processo. Se pressionados, aqueles que fazem mau uso ou confusão no emprego dos termos podem admiti-lo, porém deixam de lado a distinção crucial. Eles e seus ouvintes tornam-se incapazes de conceber o mecanismo central da consciência como uma *modificação* do processo primário da mente.

Essa confusão decorre do "problema da composição". É difícil coligir os componentes constitutivos de fenômenos complexos sob o envelope funcional que os obscurece. Referir-se a "mente consciente" em vez de a "consciência" é útil porque "consciente" qualifica "mente" e anuncia que nem todos os estados mentais são necessariamente conscientes, que há diversos *componentes* envolvidos na produção de consciência.

Na minha proposição, a consciência é um estado mental *en-*

riquecido. O enriquecimento consiste em *inserir elementos adicionais da mente no processo mental em andamento*. Esses elementos adicionais da mente são, em grande medida, muito similares ao resto da mente — são imagéticos —, mas, graças ao seu conteúdo, anunciam firmemente que *todos os conteúdos mentais aos quais eu tenho acesso neste momento me pertencem, são meus, desenvolvem-se de fato dentro do meu organismo*. Essa adição é *reveladora*.

A revelação da propriedade mental é feita, antes de tudo, pelos sentimentos. Quando experimento o evento mental que chamamos de dor, sou capaz de localizá-lo em *alguma parte do meu corpo*. Na verdade, o sentimento ocorre *tanto* na minha mente *como* no meu corpo, e por uma boa razão. Sou o proprietário de ambos, e eles estão situados no mesmo espaço fisiológico e podem interagir um com o outro.

A propriedade manifesta de conteúdos mentais pelo organismo integrado quando eles surgem é a característica distintiva de uma mente *consciente*. Quando essa característica está ausente ou não é dominante, o termo mais simples, *mente*, é a nomenclatura apropriada.

Os mecanismos envolvidos no enriquecimento da mente mediante uma conexão firme com o organismo que é seu proprietário consistem em inserir no fluxo mental os conteúdos que conectam a *mente* e o *organismo proprietário* inequivocamente. Eles ocorrem no nível dos sistemas. Não deveriam ser considerados um mistério.

Minha solução para o problema da consciência não implica que todos os mecanismos biológicos por trás da consciência estejam elucidados. Tampouco implica que os estados da consciência sejam todos equivalentes em escopo e grau. Há que fazer uma distinção entre minha mente consciente quando acordo de um sono profundo — e tudo o que sei, se tanto, é quem eu sou e onde estou — e a mente consciente que me ajuda a pensar durante horas sobre um problema científico complicado. Mas minha solução para o problema da consciência é aplicável e decisiva em ambos os casos. Para que uma mente consciente venha a emergir, preciso enriquecer um processo mental simples com conhecimentos que se relacionem ao meu organismo e me identifiquem como o proprietário da minha vida, do meu corpo e dos meus pensamentos.

Tanto o processo da mente consciente simples, voltado para um problema corriqueiro, como um processo da mente consciente rico e panorâmico que engloba uma enorme quantidade de história dependem de um rito de iniciação: *a identificação de uma "mente-proprietária" que requer a localização dessa mente no âmbito do seu corpo.*

Estar consciente não é o mesmo que estar acordado

Muitos acham que estar consciente significa estar acordado, mas consciência e vigília são coisas muito distintas. É verdade, porém, que estão relacionadas. Sabemos que, quando organismos adormecem, em geral sua consciência é desligada, embora também seja preciso lembrar uma gritante exceção a essa regra: quando estamos profundamente adormecidos, a consciência retorna durante os sonhos e cria uma situação bem esquisita. Estamos adormecidos *e* estamos conscientes. Além disso, em algumas variações do estado de coma, pacientes aparentam estar inconscientes, mas seu eletroencefalograma sugere que, a rigor, permanecem despertos. Sei que isso parece complicado e confuso, mas posso garantir que, assim que eliminarmos a névoa desses casos, poderemos dizer com segurança que consciência não é apenas vigília.[1]

Deveríamos conceber a vigília como a operação que nos permite "inspecionar" imagens, algo como acender as luzes do palco. Mas o processo da vigília não se encarrega da montagem da procissão de imagens na nossa mente, nem de nos dizer que as imagens que estamos inspecionando são nossas.

Como já descobrimos na discussão sobre a mente, a faculdade de "sentir" ou "detectar" — um toque, um aumento na temperatura, uma vibração — também não deve ser confundida com mente ou consciência.

(Des)construção da consciência

Por que acredito que existe uma solução plausível para o problema da consciência? Primeiro, porque posso imaginar um meio pelo qual os conteúdos mentais se conectam de modo claro a um sujeito que sente, e o sujeito que sente assume a propriedade desses conteúdos. Segundo, porque o meio que imagino requer o uso de um mecanismo fisiológico cujo estado, no nível dos sistemas, é razoavelmente compreendido.

A consciência é construída adicionando-se ao fluxo de imagens mentais que chamamos de mente um conjunto extra de imagens mentais que expressam referências *sentidas* e *factuais* ao proprietário da mente. Imagens mentais, tanto convencionais como híbridas — por exemplo, sentimentos —, transportam e transmitem significados que são os ingredientes essenciais da consciência, do mesmo modo como são os ingredientes essenciais das mentes simples. Nenhum fenômeno previamente desconhecido é requerido, e não é necessário adicionar nenhum material misterioso na mistura de imagens a fim de tornar consciente o conjunto. A chave da consciência está no *conteúdo* das imagens capacitadoras.

Está no *conhecimento* que esse conteúdo fornece naturalmente. Tudo que as imagens precisam é ser informativas para que possam ajudar a identificar seu proprietário.

Propor uma solução para a consciência que não apele para o desconhecido e o misterioso não significa que a solução seja "simples" — não é — e não implica que todos os problemas relacionados ao funcionamento de mentes conscientes estejam resolvidos — não estão. Do ponto de vista fisiológico, o que acontece em nosso organismo quando experimentamos uma execução de *O anel do Nibelungo* de Wagner não é para os fracos, musical, teatral e biologicamente falando.

Os conteúdos imagéticos da mente provêm, em grande medida, de três universos principais. Um universo está no *mundo que nos cerca*: ele fornece imagens de objetos, ações e relações presentes no ambiente que ocupamos e que continuamente examinamos com os sentidos externos — visão e audição, tato, olfato e paladar.

O segundo universo está no *mundo antigo dentro de nós*. Esse mundo é "antigo" porque contém órgãos internos evolutivamente antigos encarregados do metabolismo: vísceras como coração, pulmões, estômago e intestino; vasos sanguíneos grandes e independentes e aqueles localizados em camadas profundas da pele; glândulas endócrinas, órgãos sexuais etc. Esse é o universo que origina os sentimentos, como vimos nas seções sobre o afeto. As imagens que fazem parte dos sentimentos também correspondem a objetos, ações e relações reais, porém com algumas distinções monumentais. Primeiro, os objetos e as ações estão localizados *dentro* do nosso organismo, no interior visceral que se encontra, em grande parte, dentro do peito, do abdome e da cabeça, e também nas vastas vísceras que habitam a camada densa da pele no corpo inteiro, percorridas por vasos sanguíneos com paredes musculares lisas.

Além disso, em vez de meramente representar as formas ou ações de objetos internos, as imagens do segundo universo representam sobretudo *estados* dos objetos em relação à sua função na nossa economia vital.

Por fim, os processos no universo do velho mundo transitam em mão dupla entre os "objetos" reais — por exemplo, as vísceras — e as "imagens" que os representam. Ocorre uma interação contínua entre os locais onde o corpo de fato muda e a representação "perceptual" dessas mudanças. Esse é um processo totalmente híbrido, ao mesmo tempo "do corpo" e "da mente"; ele permite que as imagens da mente sejam atualizadas conforme as alterações que ocorrem no corpo e sejam mudadas de acordo com essas alterações. Cabe ressaltar que, em relação ao processo da vida, as imagens representam qualidades e seu valor momentâneo ou valência. O *estado* e a *qualidade* desses objetos e dessas ações reais internos são as verdadeiras estrelas. Quem encanta a plateia não são os violinos ou as trompas, e sim os *sons* que eles produzem. Em outras palavras, os sentimentos não são redutíveis a padrões imagéticos fixos; eles se relacionam a "faixas" de operação.

Um terceiro universo da mente também está ligado a um mundo dentro do organismo, mas envolve um setor totalmente diferente: *o esqueleto ósseo, os membros e o crânio, regiões do corpo que são protegidas e animadas por músculos esqueléticos*. Esse setor interno fornece *estrutura e suporte* para o organismo inteiro e ancora os movimentos externos executados por músculos esqueléticos, incluindo aqueles que usamos para locomoção. Toda essa estrutura serve de referência para tudo o mais que se passa no primeiro e no segundo universos. É interessante que, de um ponto de vista evolucionário, esse setor interno não é tão antigo quanto o visceral e não tem as mesmas características fisiológicas peculiares. Não há nada de mole nesse "interior não tão antigo". Ossos fortes e músculos rijos dão bons andaimes e bons arcabouços.

Consciência ampliada

A ideia de que uma mente pode ser tornada consciente quando sentimentos estão presentes e o sujeito é identificado pode ser surpreendente à primeira vista, o que não é um problema. No entanto, a ideia de que a explicação que proponho para a consciência possa ser considerada "pequena" demais para a "importância" do fenômeno *é* um problema e precisa ser discutida.

A meu ver, na verdade o problema não vem da explicação, e sim das expectativas associadas a noções tradicionais, vagas e infladas sobre o que a consciência seria, em contraste com o que a consciência de fato *é* e *faz*. Já ressaltei o papel evolucionário sem igual da consciência e o fato de que ela tem sido indispensável na história da humanidade. Escolha moral, criatividade e cultura humana são concebíveis apenas à luz da consciência. No entanto, esses fatos são totalmente compatíveis com a escala na qual situo os mecanismos cruciais que fundamentam a consciência.

Uma razão pela qual a explicação que proponho pode parecer modesta à primeira vista relaciona-se à noção da *consciência ampliada*, um conceito que introduzi quando comecei a estudar o problema e do qual eu gostava bastante.[1] A designação "ampliada" aplicava-se ao que eu considerava uma variedade abrangente da consciência, que englobava nossa experiência de ler Marcel Proust, Liev Tolstói e Thomas Mann e de ouvir a "Sinfonia n. 5" de Mahler: ampla, alta, rica, longa, contendo grande parte da humanidade e seus respectivos habitats, que bebe do passado gravado em nossa memória, brinca criativamente com nossos repositórios de conhecimento e se projeta no futuro possível.

O problema, sob minha perspectiva atual, é que eu devia ter falado em *mente* ampliada e não em consciência ampliada. O mecanismo fundamental pelo qual imagens são tornadas conscientes permanece o mesmo quando o recurso é aplicado a 1 milhão de imagens ou a apenas uma. O que muda é a escala e a capacidade dos nossos processos mentais conforme exigido pela quantidade de materiais que evocamos, e com os quais estamos trabalhando, e pelas forças da atenção que são chamadas a intervir, e conforme, pouco a pouco, telas inteiras de música, literatura, pintura e cinema são *mentalmente englobadas* e passam a pertencer a nós, isto é, são *tornadas conscientes*.

Fácil — e a você também

Eu considerava o famoso poema de Emily Dickinson "The Brain — is Wider than the Sky" uma ode à consciência, mas agora percebo que faz observações penetrantes sobre a mente humana.[1] Considere os quatro primeiros versos:

The brain is wider than the sky,
For, put them side by side,
The one the other will include
*With ease, and you beside.**

Dickinson intui a necessidade do "você" — quer dizer, eu ou qualquer outro indivíduo — no processo de criar uma mente consciente, mas seu enfoque é na *escala* dessa mente. Como é que

---

* "O cérebro é mais vasto que o céu,/ Pois se os pomos lado a lado —/ Aquele o outro contém —/ Fácil — e a você também —" (Emily Dickinson, *Uma centena de poemas*. Trad. de Aíla de Oliveira Gomes. São Paulo: T. A. Queiroz; Edusp, 1985, pp. 90-1) (N. T.)

o panorama visual e a cena auditiva que contemplo agora são tão maiores do que a modesta amplitude do meu cérebro? É isso que ela quer saber.

O cérebro tinha de ser mais vasto que o céu — e com isso ela quis dizer maior que o crânio — porque o cérebro podia conter não só o mundo que nos cerca, mas *você* também. Porém, como Dickinson bem sabia, nem o mundo nem nós podemos realmente caber dentro do crânio. Primeiro, nós e o mundo teríamos de ser miniaturizados, redimensionados às proporções do cérebro. Assim que as novas proporções estivessem adequadas, seria permitido que nós e nossos pensamentos infláššemos para o tamanho do universo próximo e distante e mesmo assim coubéssemos dentro da cabeça.

Dickinson comprometia-se francamente com uma visão orgânica da mente e com uma concepção moderna do espírito humano. No entanto, no fim das contas, o que se mostrava mais vasto que o céu não era o cérebro, e sim a própria vida, a genitora do corpo, do cérebro, da mente, dos sentimentos e da consciência. Mais impressionante que o universo inteiro é a vida, como matéria e processo, como inspiradora do pensamento e da criação.

O verdadeiro prodígio dos sentimentos

Sentimentos de novo? De novo, sim, senhor. Eles protegem nossa vida informando-nos sobre perigos e oportunidades e nos dando o incentivo para agir de acordo. São prodígios da natureza, sem dúvida, mas oferecem outro prodígio, sem o qual seu direcionamento e seus incentivos não seriam levados em consideração. Eles fornecem à mente dados que nos permitem saber, sem esforço, que qualquer outra coisa que esteja na mente no momento também pertence a nós, está acontecendo em nós. Os sentimentos permitem que tenhamos experiências e nos tornemos conscientes, que unifiquemos nossos pertences mentais em torno do nosso ser singular. Os sentimentos homeostáticos são os primeiros facilitadores da consciência.

Os fatos cruciais que os sentimentos oferecem ao processo mental relacionam-se a especificidades sobre o interior do organismo continuamente modificado por ajustes homeostáticos. Eles mostram que todo o processo está ocorrendo em uma mente que é parte do organismo dentro do qual estão acontecendo ajustes homeostáticos! A mente "pertence" ao "seu" organismo.

Os sentimentos que possibilitam a consciência não estão em uma classe separada. Eles justapõem dois fenômenos principais: (1) imagens do interior, que pormenorizam as alterações nas configurações internas do organismo impelidas pela homeostase; e (2) imagens que pormenorizam as *interações* entre os mapas e suas fontes no corpo e, com isso, revelam naturalmente que os mapeamentos são feitos dentro do organismo que eles representam. A descoberta da propriedade resulta das influências mútuas e transparentes do estado do organismo e das imagens geradas nesse organismo; a propriedade resulta do patente fato de que um processo — a fabricação de imagens mentais — ocorre dentro do outro — o organismo.

O fato de que o organismo é o proprietário da mente tem uma consequência intrigante: tudo o que ocorre na mente — os mapas do interior e os mapas das estruturas, ações e posições espaciais de outros organismos/objetos que existem e ocorrem no entorno — é construído, necessariamente, adotando *a perspectiva do organismo*.

A prioridade do mundo interno

Muitas vezes, numa conversa informal sobre consciência, as pessoas pensam primeiro no mundo externo. Costumam igualar estar consciente com ser capaz de representar o mundo ao redor. Isso é compreensível, pois nossa mente favorece desproporcionalmente o mundo que está fora de nós. Mas por que é assim? Porque mapear o mundo à nossa volta é essencial para gerenciar nossas interações com ele de modo que possa favorecer a nossa vida. No entanto, embora esse processo ajude a revelar o que pode ser conhecido e usado como vantagem para nós, ele não sugere, muito menos explica, como ou por que somos conscientes do material que mapeamos em imagens — em outras palavras, por que sabemos que sabemos. Para *saber* e *estar consciente, você precisa "conectar" ou "referir" objetos e processos ao seu organismo, a você mesmo. Precisa estabelecer seu organismo como inspetor dos objetos e processos.*

Tornamo-nos conscientes da nossa existência e das nossas percepções quando usamos o conhecimento para estabelecer referência e propriedade.

Só passamos a saber o que sabemos — o que, na verdade, significa que só passamos a saber que *cada um de nós, individualmente,* está em posse de conhecimento — porque somos informados ao mesmo tempo sobre dois outros aspectos da realidade. Um aspecto diz respeito aos estados do nosso antigo interior químico e visceral, expressos no processo híbrido que chamamos de sentimento. Outro aspecto é a referência espacial fornecida pelo nosso interior musculoesquelético, em especial a estrutura estável que sustenta o edifício da nossa individualidade.

Reunião de conhecimentos

É possível tentar conceber o processo de construir a "consciência" como o de um empreiteiro bem-sucedido que reúne o material e os profissionais necessários para seu projeto. A consciência reúne os fragmentos de conhecimento que revelam, graças à sua presença simultânea, o mistério do pertencimento. Eles me dizem — ou a você — às vezes na linguagem sutil dos sentimentos, às vezes em imagens comuns ou até em palavras traduzidas para a ocasião, que sim, eis que sou eu — ou que é você — pensando essas coisas, vendo essas visões, ouvindo esses sons e sentindo esses sentimentos. O "eu" e o "você" são identificados por componentes mentais e corporais. Não faz diferença, contanto que a conexão entre os eventos mentais e a fisiologia geral do corpo tenha sido firmemente estabelecida. O mundo pode ir até você, diz o seu empreiteiro encarregado da consciência, porque o seu organismo vivo — todo o organismo, não apenas o cérebro — é um palco aberto onde uma peça sem fim é encenada em seu benefício. Os materiais da construção, tijolo após tijolo, são apenas conhecimento e não diferem daqueles que há no resto da mente. Seu substrato são imagens e mais imagens, incluindo aquelas imagens híbridas que dependem de interações cérebro-corpo e surgem completas com puxões e empurrões: as "imagens" que chamamos de sentimentos. Os fragmentos de conhecimento que são empilhados sobre os trilhos mentais — aquelas edificações rebuscadas de imagens que descrevem o momento das nossas vidas, o nosso tempo vivido — são uma demonstração incessante do ser.

A consciência é uma reunião de conhecimento suficiente para gerar automaticamente, em meio ao fluxo de imagens, a noção de que as imagens são *minhas*, estão acontecendo no *meu* organismo vivo, e de que a mente é... bem, é *minha* também! O segredo da consciência é reunir conhecimento e exibi-lo como um certificado de identidade da mente. A consciência não é mera integração de elementos mentais, embora a integração tenha um papel a desempenhar quando a consciência é outorgada a grandes números de imagens.

Em retrospecto, um erro que é cometido repetidamente na busca pela consciência consiste em tratá-la como uma função "especial", até mesmo como uma "substância" separada, uma fragrância que paira sobre o processo mental mas é desconectada dele ou de suas bases. Até aqueles dentre nós que imaginaram soluções menos estapafúrdias para o problema retrataram-no como mais misterioso do que precisaria ser.[1]

A integração não é a fonte da consciência

Quando nos dizemos conscientes de uma cena específica, precisamos de uma integração considerável dos elementos que a compõem. No entanto, não há razão para supor que a integração sozinha, mesmo que abundante, seja responsável pela consciência. Uma integração maior de conteúdos mentais, abrangendo grandes quantidades de material imagético presente no fluxo, fornece um escopo maior de material consciente, mas duvido que a consciência seja explicável pela "ligação" dos conteúdos uns aos outros. A consciência não surge só porque conteúdos mentais são reunidos apropriadamente. Eu sugeriria que o resultado da integração é uma ampliação do escopo mental. O que de fato começa a engendrar consciência é o enriquecimento do fluxo mental com o tipo de conhecimento que indica o organismo como o proprietário da mente. O que começa a tornar conscientes os meus conteúdos mentais é identificar a MIM como o proprietário dos pertences mentais vigentes. O conhecimento sobre a propriedade pode ser obtido a partir de fatos específicos e, de forma muito direta, de sentimentos homeostáticos. Com facilidade, de modo natural e instantâneo, com a frequência necessária, sentimentos homeostáticos *identificam* minha mente com meu corpo inequivocamente, sem necessidade de raciocínio ou cálculos adicionais.[1]

Consciência e atenção

A consciência não é diferente de leite e ovos. Ocorre em graduações que correspondem, em boa medida, ao tipo e quantidade do material mental tornado consciente em dado momento. No entanto, a graduação é complicada por uma curiosa interação entre o tipo de material presente na mente e a atenção dedicada a ele. Por exemplo, quando comecei a escrever esta página, eu estava bastante concentrado nas ideias que desejava transmitir. Mas algo aconteceu enquanto eu refletia: também acionei o controle remoto do CD player e surgiu o som de um disco que eu havia escolhido no começo do dia. O escopo da minha consciência ampliou-se consideravelmente para comportar o novo material, de forma que fiquei dividido entre o tema do meu texto — o escopo da consciência! — e uma comparação entre o modo como o pianista específico que eu estava ouvindo interpretava certas frases e como outra pianista, mais velha, executava as mesmas passagens. Este texto demonstra as consequências: o propósito principal do meu projeto foi para segundo plano, ainda na "mente consciente", porém ao fundo, distante, enquanto a música perseverou até se impor. Não muito depois, reverteu-se a posição dos conteúdos, e eu mais uma vez estava escrevendo sobre a consciência.

Eu me distraíra, mas depois retornei ao enfoque apropriado. Não é razoável analisar minha distração com base apenas na consciência ou na atenção. Ambas influenciaram. O processo secundário de realçar a qualidade de certas imagens ou sua "edição" cinematográfica — qual o tamanho das sequências selecionadas ou quanto tempo elas demoram — é, rigorosamente falando, uma questão do domínio da atenção. Mas tampouco é razoável menosprezar o papel do afeto na alocação da "atenção" entre os materiais disponíveis para seleção no meu fluxo de imagens. Decidir sobre como e onde Leif Ove Andsnes diferia de Martha Argerich na execução da música de repente era mais gratificante — prazeroso — do que esclarecer minhas ideias sobre o escopo da consciência. Permiti que essa tarefa agradável dominasse os procedimentos.

Nada do que ocorreu acima deve alterar nossa interpretação da realidade biológica: os conteúdos selecionados para a minha mente foram identificados como pertencentes a mim graças ao fundamental processo dos sentimentos, que me declarava o único proprietário, e graças a fatos periféricos que me descreviam na posição corrente, na minha mesa de trabalho, com os sons enchendo o espaço à volta, e o sol se pondo atrás do Museu Getty, lá fora à minha direita, um pouco a oeste e um pouco a norte.

A atenção ajuda a gerir a abundante produção de imagens na mente. Faz isso com base (a) nas características físicas intrínsecas das imagens, por exemplo, cores, sons, formas, relações; (b) na importância das imagens, tanto pessoalmente (conforme estabelecido com a ajuda da memória individual) como historicamente. Uma mistura de respostas emotivas e cognitivas subsequentemente regula o tempo e a escala alocados para as imagens que vêm a ser incorporadas ao fluxo mental consciente.[1]

O substrato é importante

Uma consequência peculiar do sucesso extraordinário das ciências da computação é a ideia de que as mentes, inclusive a variedade humana, não dependem do substrato que as sustenta. Explico. Escrevo estas sentenças com um lápis Paper Mate nº 2 em um bloco de papel amarelo, mas também poderia tê-las datilografado em uma velha máquina de escrever Olivetti ou digitado no meu iPad ou num laptop. Minhas palavras seriam as mesmas, assim como a sintaxe e a pontuação. As ideias e sua interpretação linguística seriam independentes do substrato usado para comunicá-las. Isso pode parecer razoável à primeira vista, mas não condiz com a realidade da mente dotada de sentimento e consciência. Podemos afirmar que o conteúdo da nossa mente independe do substrato orgânico que a sustenta, isto é, o cérebro e o organismo vivo do qual ela faz parte? Na verdade, não. As narrativas que construímos, os personagens e eventos nas narrativas, as considerações que fazemos sobre os personagens que atuam nesses eventos, as emoções que atribuímos a esses personagens e as que experimentamos enquanto assistimos aos eventos e reagimos a eles não independem de seu substrato orgânico. A ideia de que o conteúdo da nossa mente está para o sistema nervoso e o organismo vivo como o texto que escrevo está para seus muitos substratos possíveis — lápis, máquina de escrever, computador — é equivocada. Boa parte da nossa experiência mental — às vezes, a maior parte — não se restringe estritamente aos objetos, personagens e deslizes nas narrativas que avançam em nosso fluxo mental. Uma parte também inclui a experiência do próprio organismo, que depende do estado da vida nesse organismo, bom ou não tão bom. No fim das contas, nossas experiências mentais são mais bem descritas como experiências de "ser" enquanto "outros conteúdos da mente" fluem. Os "outros conteúdos da mente" fluem paralelamente aos "conteúdos de ser". Além disso, "ser" e "outros conteúdos da mente" dialogam entre si. Um ou outro domina o momento mental, dependendo do quão ricas sejam as respectivas descrições. O componente "ser" está presente o tempo todo, mesmo quando não é dominante, construído com elementos não neurais e neurais. Dizer que nossa mente consciente independe do substrato equivaleria a dizer que é possível dispensar o edifício do "ser" e que apenas os "outros conteúdos da mente" são importantes. Seria negar que o alicerce das experiências mentais é, antes de tudo, a *experiência ou consciência* de *um tipo específico de organismo, em um estado específico.*

O substrato é importante, tem de ser, pois *esse substrato é o organismo da pessoa que está vivenciando a história e reagindo afetivamente a ela*. E essa é também a pessoa cujo sistema afetivo está sendo "tomado de empréstimo" para dar alguma impressão de vida às emoções dos personagens retratados na história.

Perda de consciência

O renomado filósofo John Searle gostava de iniciar suas palestras sobre a consciência com uma definição lapidar que expressava sua resolução satisfatória do problema. Ele dizia que a consciência não é um mistério. Consciência é meramente aquilo que desaparece quando somos anestesiados ou atingimos um sono profundo e sem sonhos.[1] Esse é um modo atrativo de começar uma palestra, sem dúvida, porém não satisfaz como definição de consciência e é equivocado com relação à anestesia.

É verdade que a consciência não está disponível durante o sono profundo ou sob anestesia. A consciência não é encontrada no estado de coma ou no estado vegetativo persistente, pode ser comprometida sob a influência de diversas drogas e álcool e escapa de nós momentaneamente quando desmaiamos. A consciência *não* é perdida, embora pareça ser, em pacientes neurológicos acometidos por um mal devastador conhecido como síndrome do encarceramento; esses pacientes são incapazes de se comunicar e *parecem* alheios ao ambiente, mas na verdade estão perfeitamente conscientes.

É uma pena, mas nem a anestesia nem as condições neurológicas que impedem a consciência produzem esse resultado afetando especificamente os mecanismos de construção de uma mente consciente que venho descrevendo. A anestesia e os estados patológicos são ferramentas embotadas.[2] *Seus alvos são funções das quais a consciência normal depende*, mas não a consciência em si. Como já indiquei, os anestésicos potentes usados em cirurgias são instrumentos rápidos que suspendem instantaneamente a capacidade de sentir ou detectar, essa interessante função que salientei quando tratamos das *bactérias sem mente e não conscientes*. São claras as evidências que corroboram essa afirmação. Bactérias são capazes de sentir, plantas também, porém não possuem mente nem consciência. No entanto, a anestesia suspende sua sensibilidade e as põe literalmente em estado de hibernação, enquanto é óbvio que não faz coisa alguma *especificamente* contra a consciência — uma função inexistente em bactérias e plantas.

A capacidade de sentir não nos dota de mente e consciência; porém, na ausência dessa capacidade não podemos reunir as operações que gradualmente capacitam a mente, os sentimentos e a autorreferência, os ingredientes que, por fim, viabilizam a *mente consciente*. Em poucas palavras, a meu ver os anestésicos não alteram primariamente a consciência; alteram a capacidade de sentir. O fato de, no fim das contas, eles impedirem a capacidade de montar uma mente consciente é um efeito muito útil e prático porque estamos interessados em realizar procedimentos cirúrgicos sem a consciência da dor.

O álcool, muitos analgésicos e diversas drogas que os seres humanos usam há milênios por todo tipo de razões pessoais e sociais são outro exemplo de *interferência* no processo normal de montagem de uma mente consciente e chegam um pouco mais perto do alvo. Eles podem chacoalhar a montagem final da consciência ou impedir um passo decisivo. Essa conexão é curiosa. As imemoriais razões pessoais e sociais que explicam o uso e o abuso de substâncias como narcóticos e álcool estão associadas a seus efeitos sobre a fisiologia dos sentimentos. Os usuários não estão interessados em modificar especificamente a consciência, e sim em alterar certos sentimentos homeostáticos, como dor e mal-estar — que todos nós gostaríamos de expulsar da nossa existência — e bem-estar e prazer — que todos desejamos maximizar e até, se possível, exagerar.

É evidente que qualquer droga capaz de penetrar na toca dos sentimentos homeostáticos encontra um caminho para entrar na máquina da consciência, a qual se baseia, em boa medida, no processo dos sentimentos homeostáticos. Essa é uma conexão que explica a interferência das drogas no processo da consciência.

E quanto à síncope, também conhecida como desmaio? Desmaiamos porque o fluxo sanguíneo para o tronco encefálico e o córtex cerebral cai subitamente a um nível inaceitável. Uma grande gama de operações cerebrais é suspensa como resultado do aporte insuficiente de oxigênio e nutrientes para os neurônios em regiões cerebrais que contribuem em grau importante para a montagem dos sentimentos, sobretudo no tronco encefálico. De repente, informações do interior do organismo são mantidas fora do sistema nervoso central, e a contribuição dos sentimentos para a consciência é interrompida de forma brusca. O tônus muscular é tão comprometido quanto o sentimento de si e do ambiente, e é por isso que a vítima bambeia e cai no chão, exatamente como aconteceu com alguns pacientes notáveis durante as magistrais demonstrações de Jean-Martin Charcot no Hospital Salpêtrière, em Paris. Charcot foi um dos pioneiros da neurologia e da psiquiatria na segunda metade do século XIX. Ficou célebre por estudar uma doença que não existe mais: a histeria. Sigmund Freud assistiu a algumas de suas palestras e delas tirou muito bom proveito.

Associar a perda de consciência ao tronco encefálico é uma noção moderna, proposta por outra figura histórica, o neurologista Fred Plum.[3] Minha interpretação para o porquê de o tronco encefálico ser crucial para a consciência relaciona-se à noção de que os sentimentos são expressões de operações homeostáticas e são essenciais para produzir a consciência. Hoje sabemos que componentes importantes da maquinaria que baseia a homeostase *e* os sentimentos localizam-se no setor superior do tronco encefálico, acima do nível da entrada do nervo trigêmeo e, bem especificamente, na porção posterior desse setor (a área marcada como B na figura 3). Um fato interessante é que o dano nesse

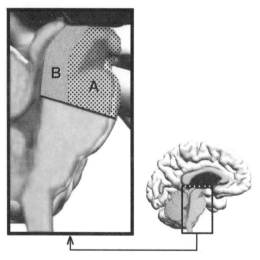

Figura 3: *O detalhe mostra uma ampliação da região do tronco encefálico. O dano no setor marcado como B é firmemente associado à perda de consciência. O dano no setor A é associado a comprometimentos motores.*

setor do tronco encefálico é uma causa comprovada de coma.[4] O curioso é que o dano na porção frontal desse mesmo setor (marcada como A na mesma figura) *não* causa coma, *não* compromete em nada a consciência e, em vez disso, causa a já mencionada síndrome do encarceramento. As trágicas vítimas dessa síndrome estão despertas, alertas e conscientes, mas em grande medida incapazes de se mover e severamente limitadas em sua capacidade de comunicar-se.

Os córtices cerebrais e o tronco encefálico na produção da consciência

Afirmou-se que os córtices sensoriais posteriores, em contraste com os córtices anteriores, pré-frontais, são a base natural da consciência. Há um quê de verdade nessa ideia, mas a realidade é mais complicada.

Os córtices sensoriais posteriores — localizados, em grande medida, na parte de trás do cérebro — incluem as áreas corticais sensoriais chamadas "iniciais" da visão, audição e tato; eles são os principais fabricantes e expositores de imagens visuais, sonoras e táteis. Mas os chamados córtices de associação de "ordem superior" de cada modalidade sensorial, cuja intersecção se dá na junção dos lobos temporais e parietais (JTP), também participam da produção de imagens e da montagem de imagens compostas (ver figura 4, onde são identificados os principais córtices cerebrais).

De fato, todo o território cortical lateral e posterior participa da produção e da exibição de imagens, e isso equivale a dizer que participa da produção da mente. No entanto, precisamos perguntar: e quanto à consciência? Será que essa região cerebral também contribui para tornar a mente consciente? Pelo menos em parte

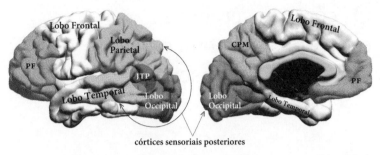

córtices sensoriais posteriores

Figura 4: *As principais regiões do córtex cerebral humano.* PF = *Córtex Pré-Frontal;* CPM = *Córtices Posteromediais;* JTP = *Junção Temporoparietal.*

parece que sim. Como a consciência é um processo baseado em imagens, ela requer muitas delas como substrato, algo que os córtices sensoriais posteriores fornecem em abundância. Algumas regiões desses córtices ajudam na integração das imagens e provavelmente orquestram o sequenciamento delas à medida que se tornam conscientes. Mas o que nos torna conscientes das imagens que os córtices posteriores fabricam e sequenciam com facilidade é *a adição de conhecimento certificando a posse dessas imagens*, a descoberta de que essas imagens pertencem a um organismo específico dotado de características físicas únicas e de uma história mental única ancorada na memória. Para quem supõe que os córtices sensoriais posteriores são os únicos fornecedores de consciência, é aí que o problema começa: *o mecanismo primário para conferir a propriedade das imagens é a presença de sentimentos homeostáticos, mas essa presença não depende essencialmente dos córtices posteriores.* Como vimos, os sentimentos são processos híbridos cujas imagens retratam interações de mão dupla do sistema nervoso interoceptivo com nossas vísceras.

As estruturas responsáveis pelos sentimentos estão localizadas (1) no componente periférico do sistema interoceptivo, (2) em núcleos do tronco encefálico, (3) no córtex cingulado e (4) nós córtices insulares. Os *inputs* e a organização geral da região insular permitem que ela integre representações de múltiplos recursos de processos internos, incluindo os que correspondem a interações de sensores com vísceras reais. Os níveis superiores do processo dos sentimentos provavelmente dependem da região do córtex insular, um setor que completa e refina o trabalho realizado por numerosas estruturas anteriores em uma longa cadeia que tem início nos gânglios espinhais e na medula espinhal e continua no tronco encefálico, sobretudo no núcleo parabraquial, na substância periaquedutal mesencefálica e no núcleo do trato solitário. Juntos, o córtex insular e os componentes subcorticais dos quais ele recebe *inputs* constituem um "complexo do afeto" (ver figuras 5 e 6).

A questão fundamental, a esta altura, é: como esses dois conjuntos de estruturas — os córtices sensoriais posteriores e o "complexo do afeto" — se combinam para produzir uma mente consciente? Imagino duas possibilidades. Uma delas requer projeções neurais reais do "complexo do afeto" para o "conjunto sensorial posterior" e vice-versa. A outra possibilidade requer uma simultaneidade aproximada de ativações nos dois conjuntos, resultando na produção de uma montagem de base temporal. Em cada uma dessas opções, a realização de uma mente consciente que por fim ocorre depende de *ambos* os conjuntos de estruturas cerebrais; não podemos "localizar" a consciência em um conjunto ou no outro. Além disso, parece que ainda outro setor dos córtices cerebrais desempenha um papel na coordenação dos processos mentais conscientes. Esse setor é conhecido como CPM (os córtices posteromediais; ver figura 4). Ele inclui córtices localizados, em grande medida, nas superfícies mediais (internas) e posteriores dos hemisférios cerebrais. Essa região possivelmente pode dirigir a participação de outros córtices cerebrais na produção de uma mente consciente.

E quanto aos córtices frontais? Eles participam da produção de consciência? A resposta é que os córtices frontais anteriores ou pré-frontais (PF na figura 4) *não têm* um papel fundamental na produção de uma mente consciente. Estudos clássicos sobre lesão cerebral em humanos mostram que o dano ou até a ablação cirúrgica dos córtices pré-frontais não comprometem o processo bási-

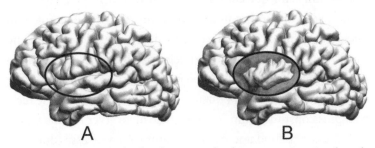

Figura 5: *O córtex insular localiza-se profundamente no interior de cada hemisfério. A marca oval no painel A indica o território cortical sob o qual o córtex insular está situado, como mostra o painel B.*

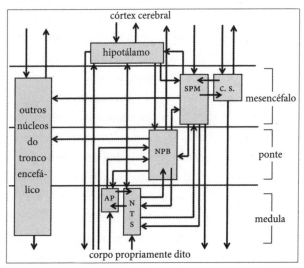

Figura 6: *Diagrama das principais estruturas do tronco encefálico envolvidas em processos afetivos, suas interligações, fontes de input e alvos de output.* SPM = *substância periaquedutal mesencefálica;* c. s. = *colículos superiores;* NPB = *núcleo parabraquial;* AP = *área postrema;* NTS = *núcleo do trato solitário.*

co de produzir uma mente consciente. Os córtices frontais anteriores participam da manipulação de imagens e promovem a ativação, o sequenciamento e o posicionamento espacial de imagens fabricadas nos córtices sensoriais posteriores, o papel orquestrador desempenhado também por algumas regiões dos córtices sensoriais posteriores e dos CPM. Os córtices frontais parecem ser úteis na montagem dos vastos panoramas mentais que o processo da consciência literalmente ilumina e identifica como nossos.

Embora o setor frontal tenha contribuição significativa para operações mentais inteligentes — raciocínio, tomada de decisão, construções criativas —, ele não parece contribuir para o enriquecimento do conhecimento essencial do qual a consciência básica depende. Ele não legitima o proprietário da mente e não lhe concede a posse, mas é útil para gerar a *mente ampliada* de grande escopo que representa as capacidades humanas em seu ápice.[1]

Máquinas que sentem e máquinas conscientes

A robótica é a expressão suprema da inteligência artificial (IA), e começarei dizendo que a qualificação "artificial" não poderia ser mais apropriada. Não há nada de "natural" na inteligência de dispositivos que tornam nossa vida tão eficiente e confortável, e não há nada de "natural" na construção desses dispositivos. Ainda assim, os brilhantes inventores e engenheiros que possibilitaram a IA e a robótica se inspiraram em organismos naturais, vivos, sobretudo na engenhosidade com que seres vivos resolvem os problemas que encontram e na eficácia e economia de seus movimentos.

Seria de esperar que os pioneiros da IA e da robótica buscassem inspiração na plenitude de seres como nós — ricos em eficiência e rapidez, mas também em sentimentos sobre tudo aquilo em que empregamos nossa eficiência e rapidez —, em suma, alegres e até mesmo eufóricos pelo que fazemos (e o que fazem a nós), mas também frustrados, tristes e até aflitos, conforme a ocasião.

Mas os brilhantes pioneiros preferiram uma abordagem econômica e foram direto ao ponto. Tentaram emular o que consideraram mais essencial e útil — chamemos de inteligência simples — e deixaram de fora o que talvez considerassem supérfluo e até inconveniente: *os sentimentos*. Muito possivelmente, para eles o afeto era não apenas antiquado, mas também ultrapassado, algo que ficou para trás na marcha triunfal para a clareza de pensamento, a resolução exata de problemas e a ação precisa.

À luz da história, essa escolha é compreensível. Ela produziu, não se pode negar, muitos resultados excelentes e riqueza correspondente. Minha ressalva, porém, é que, agindo como agiram, os pioneiros revelaram um equívoco significativo com respeito à evolução humana e, com isso, limitaram o escopo da IA e da robótica no que tange ao seu potencial criativo e nível máximo de inteligência.

O equívoco evolucionário deveria ser óbvio tendo em vista o que examinamos neste livro. O universo do afeto — as experiências de sentimentos derivadas de impulsos, motivações, ajustes homeostáticos e emoções — foi uma *manifestação de inteligência anterior na história*, acentuadamente adaptativa e eficiente, e foi essencial para o surgimento e o crescimento da criatividade. Situou-se vários degraus acima das competências ocultas e cegas das bactérias, por exemplo, mas não alcançou o nível da inteligência humana plenamente desenvolvida. De fato, o universo do afeto foi o patamar onde se apoiou a inteligência superior que a mente consciente pouco a pouco desenvolveu e expandiu. O universo do afeto foi uma fonte e um instrumento no desenvolvimento da autonomia gradual que nós, humanos, conquistamos.

É hora de reconhecer esses fatos e de iniciar um novo capítulo na história da IA e da robótica. Evidentemente, podemos construir máquinas que funcionem nas linhas dos "sentimentos homeostáticos". Seria necessário dar aos robôs um "corpo" que requeira regulações e ajustes para persistir. Em outras palavras, precisamos acrescentar, quase paradoxalmente, um grau de vulnerabilidade à robustez tão valorizada na robótica. Hoje isso pode ser conseguido instalando sensores em toda a estrutura do robô para que detectem e registrem os estados mais ou menos eficientes do corpo e integrem as informações correspondentes. As novas tecnologias da "robótica soft" possibilitam esse avanço trocando estruturas rígidas por outras que sejam flexíveis e ajustáveis. Também precisamos transferir essa influência do corpo "que sente e é sentido" para os componentes do organismo que processam e respondem às condições do ambiente ao redor da máquina, para que a resposta mais efetiva — e inteligente — possa ser selecionada. Em outras palavras, o que a máquina "sente" em seu corpo influenciará no modo como ela responde às condições do entorno. Essa "influência" destina-se a melhorar a *qualidade e a eficiência da resposta*, portanto a tornar o comportamento do robô mais inteligente do que seria na ausência de um direcionamento baseado em suas condições internas. Máquinas que sentem não são robôs indiferentes e previsíveis. Em certa medida, elas cuidam de si mesmas e superam suas condições.

Essas máquinas "que sentem" tornam-se máquinas "conscientes"? Bem, vamos com calma. Elas de fato desenvolvem elementos funcionais relacionados à consciência, sendo a capacidade de sentir uma parte do caminho para a consciência, porém seus "sentimentos" não são iguais aos sentimentos de seres vivos. O "grau" de consciência que essas máquinas por fim alcançariam dependeria da complexidade das representações internas, tanto do "interior da máquina" como de seu "ambiente externo".

No cenário apropriado, é provável que uma nova geração de "máquinas que sentem", como híbridos de seres naturais e artificiais, forneça assistentes eficazes dos seres humanos que sentem de verdade. Igualmente importante é o fato de que essa nova geração de máquinas constituiria um laboratório incomparável para a investigação do comportamento e da mente do ser humano em diversos cenários reais.[1]

Epílogo

Sejamos justos

A vida e a seleção natural são responsáveis pela infinidade de organismos que vemos à nossa volta e também pela nossa presença. Ao longo de bilhões de anos, organismos diversos aferraram-se à vida, em bons e maus momentos, por períodos mais ou menos limitados, e, quando sua existência chegou ao fim natural ou acidental, abriram caminho e deram lugar para outros organismos vivos. Os humanos, novatos nessa saga, em vez de meramente perdurar e prevalecer com modéstia, tornaram-se cada vez mais elaborados em seus comportamentos, criaram ambientes condizentes com as suas inovações e dominaram o planeta. Nesse vasto panorama de sucesso, interessam-me em especial os artifícios que os capacitaram. Que características e estratagemas específicos levaram a tamanho triunfo? Serão verdadeiras inovações humanas, evoluídas a partir do zero para resolver problemas humanos em situações de necessidade, ou serão, na verdade, aperfeiçoamentos, uma parte de soluções já disponíveis na herança biológica?

Na busca por esses artifícios capacitadores, não é de surpreender que comecemos por enfocar a própria mente humana consciente. Ela avulta como um instrumento potencialmente responsável pela travessia que trouxe o nosso universo à sua eminência atual. Essa poderosa mente humana consciente é auxiliada por notáveis capacidades de aprendizado e memória e por habilidades extraordinárias de raciocinar, decidir e criar, todas complementadas pelas faculdades de linguagem verbal, matemática e musical. Dotados desse equipamento riquíssimo, os humanos foram capazes de fazer em tempo recorde a transição de "seres simples" para "seres que sentem e conhecem". Não admira que tenham inventado sistemas morais e religião, arte, ciência e tecnologia, política e economia, e também filosofia — em resumo, que tenham inventado a partir do zero o que chamamos (com nosso orgulho e presunção insaciáveis) de culturas humanas. Depois de moldar a Terra — a biomassa e a estrutura física pura — segundo nossas necessidades, os humanos estariam prontos para fazer o mesmo com o espaço intergaláctico.

Essa explicação de como a mente consciente e a invenção de culturas humanas teriam nos ajudado a enfrentar os dramas da vida contém algumas verdades óbvias, mas também desconsidera fatos importantes. Infelizmente, as omissões ensejam uma interpretação deformada das realizações e das dificuldades humanas e uma visão problemática do futuro possível.

A distinção exagerada entre as capacidades humanas e não humanas de enfrentar desafios, gerada pela pressuposição de excepcionalidade das faculdades humanas, é equivocada por completo, porque enaltece os humanos e diminui injustificavelmente os não humanos; além disso, deixa de reconhecer a interdependência e cooperatividade de seres vivos, desde os de nível microscópico até os humanos. Por fim, não reconhece a presença de poderosos *motivos, estruturas e mecanismos* que se manifestam na natureza desde o início da vida — e até na física e na química que a precederam — e que, muito provavelmente, são ao menos em parte responsáveis pelo esquema dos avanços culturais em geral atribuídos aos humanos.

Um motivo fundamental é a própria vida, com seu conjunto de relações e compensações químicas que permite a *homeostase* e com os *ditames homeostáticos* que ajudam a identificar desvios perigosos em relação às faixas favoráveis à vida e comandam as correções necessárias. Todos os organismos, de bactérias a humanos, dependem desse motivo fundamental.

As estruturações e mecanismos que ajudam a sustentar os requisitos homeostáticos vêm em seguida na lista das surpresas que nos dão lições de humildade. Refiro-me à inteligência, a capacidade de aplicar soluções satisfatórias a problemas impostos pela vida, desde encontrar fontes básicas de energia, como nutrientes e oxigênio, até controlar um território e defendê-lo de predadores, juntamente com estratégias para enfrentar esses problemas — por exemplo, a cooperação social e o confronto.

Também aqui o primeiro e eloquente exemplo dessa inteligência está nas bactérias. Elas resolvem com grande facilidade todos os problemas da lista acima. Sua inteligência é não explícita. Independe de uma mente com imagens da estrutura do organismo ou de imagens do mundo ao redor. Independe de sentimentos — barômetros do estado interno dos organismos — e da consequente posse do organismo e da perspectiva única resultante dessa posse, em suma, do fenômeno que chamamos de consciência. Contudo, a competência oculta, não explícita e sem mente desses organismos simples permitiu-lhes perdurar na vida por bilhões de anos e ofereceu um esquema poderoso para a inteligência expressa, explícita e provida de mente que emergiria em seres multicelulares e dotados de cérebro como nós. A capacidade de detecção simplificada mas de amplas consequências que existe nas bactérias — e também nas plantas — foi o mecanismo inovador que permitiu a organismos simples detectar estímulos como a temperatura e a presença de outros e reagir preventivamente para se protegerem. Curiosamente, essa modesta estreia da cognição foi uma antecipação da contribuição que os sentimentos expressos dariam mais tarde para o estabelecimento da mente.

A mente, baseada no mapeamento de padrões multidimensionais expressos, foi um avanço poderoso que permitiu, simultaneamente, produzir imagens do mundo interno e externo ao organismo. As imagens do exterior guiaram as ações bem-sucedidas dos organismos em seu ambiente, mas os sentimentos, os processos interativos híbridos do interior, ao mesmo tempo mentais e físicos, foram os mais extraordinários capacitadores de ações adaptativas e criativas desde que sistemas nervosos surgiram em cena, meros 500 milhões de anos atrás. Os sentimentos forneceram orientação e incentivo às criaturas assim equipadas e também alicerçaram a consciência.

O surgimento e a estrutura de fenômenos sociais e dos notáveis instrumentos da cultura humana devem ser entendidos sob a perspectiva dos fenômenos biológicos que os precederam e viabilizaram. Destes, a longa lista inclui a *regulação homeostática, a inteligência não explícita, os sentidos, a maquinaria para a produção de imagens, os sentimentos como tradutores mentais do estado vital no interior de um organismo complexo, a consciência propriamente dita* e *os mecanismos de cooperação social*. Um poderoso predecessor destes últimos na história da vida é a capacidade de "percepção de quórum" das bactérias. Um vívido exemplo das extraordinárias consequências da cooperação entre espécies é o microbioma humano, onde encontramos trilhões de bactérias cooperativas que auxiliam cada vida humana individual a permanecer saudável, enquanto essas bactérias recebem da vida humana o sustento necessário para seu ciclo de vida. Outro exemplo é a impressionante cooperação entre árvores e fungos no subsolo e na superfície das florestas.

Certamente temos de admirar e até exaltar as proezas ímpares da mente humana consciente e todas as suas inovações fabulosas, muito superiores às soluções já direcionadas pela natureza. Contudo, precisamos ponderar o modo como os humanos chegaram ao presente e reconhecer que os recursos fundamentais que usamos para ter êxito em nosso nicho consistem em transformações e aprimoramentos de artifícios previamente usados por outras formas de vida no decorrer de uma longa história de sucessos individuais e sociais. Precisamos respeitar a inteligência e as organizações fenomenais da própria natureza que ainda não foram completamente compreendidas.

Por trás da harmonia ou do horror que reconhecemos em grandes obras de arte criadas pela inteligência e pela sensibilidade humanas estão sentimentos relacionados com bem-estar, prazer, sofrimento e dor. Por trás desses sentimentos há estados vitais que cumprem ou violam os requisitos da homeostase. E sob esses estados vitais há processos químicos e físicos responsáveis por viabilizar a vida e sintonizar a música das estrelas e planetas.

Reconhecer prioridades e perceber interdependências pode ser útil para lidarmos com os danos que nós, humanos, infligimos ao planeta e suas formas de vida, danos que provavelmente são responsáveis por algumas das catástrofes que nos atingem na atualidade, com destaque para as mudanças climáticas e pandemias. Isso nos dará um incentivo adicional para ouvir as vozes daqueles que dedicam a vida a refletir sobre os problemas de larga escala que enfrentamos e recomendar soluções que sejam sábias, éticas, práticas e compatíveis com o grande palco biológico que os humanos ocupam. Existe uma esperança, afinal de contas, e talvez também deva haver um pouco de otimismo.[1]

Agradecimentos

Este é o espaço onde os autores costumam relatar as circunstâncias em que nasceu o seu projeto. Contudo, no prefácio deste livro já expliquei que uma ideia do meu editor, Dan Frank, e minha frustração com o formato tradicional dos livros científicos conduziram-me a *Sentir e saber*. Agradeço a ele por colocar-me no caminho de redescobrir minha obra e perceber que, na verdade, eu já havia resolvido alguns dos problemas científicos que tanto me preocupavam.

Este também é o espaço destinado a expressar reconhecimento aos colegas e amigos que possibilitaram este tipo de empreendimento insólito. Menciono primeiro meus colegas do Brain and Creativity Institute, com quem vivo meu cotidiano científico trocando ideias sobre todos os aspectos da biologia, da psicologia e da neurociência. Alguns deles leram pacientemente as versões iniciais do manuscrito, fizeram comentários inteligentes e deram recomendações sábias. São eles: Kingson Man, Jonas Kaplan, Max Henning, Helder Araujo, Anthony Vacarro, John Monterosso, Marco Verweij, Gil Carvalho, Assal Habibi, Rael Cahn, Mary Helen Immordino-Yang, Leonardo Christov-Moore, Morteza Dehghani e Lisa Aziz-Zadeh.

Vários amigos fizeram a gentileza de ler, incentivar e comentar: Peter Sacks, Jorie Graham, Hartmut Neven, Nicolas Berggruen, Dan Tranel, Josef Parvizi, Barbara Guggenheim, Regina Weingarten, Julian Morris, Landon Ross, Silvia Gaspardo Moro e Charles Ray. Sou grato a eles, sobretudo porque esta não é a primeira vez que alguns me fizeram companhia no tolo esforço de registrar ideias numa página.

Reparei, com o passar dos anos, que escrever meus livros depende da estabilidade do ambiente de trabalho, e a música que ouço e as obras de arte que vejo tornam-se associadas ao meu texto, a ponto de serem necessárias para sua compreensão. Sei que alguns dos meus livros anteriores têm uma ligação indelével com Maria João Pires, Yo-Yo Ma e Daniel Barenboim, entre outros artistas admirados e amigos. Desta vez a violoncelista Elena Andreyev e sua rica versão das *Suítes para violoncelo*, de Bach, foram uma ilha de estabilidade e clareza em muitas horas de necessidade. Sou grato por sua companhia.

Michael Carlisle e Alexis Hurley são não apenas agentes literários extraordinariamente profissionais, mas também amigos indispensáveis. Agradeço-lhes o bom humor e o incentivo.

Já não consigo imaginar minha vida profissional sem Denise Nakamura. Ela é a mais calma e mais competente *office manager*, faz pesquisas bibliográficas com uma tranquilidade que poucos de nós conseguimos demonstrar e prepara impecavelmente meus textos manuscritos e ditados. Nunca poderei agradecer-lhe o suficiente.

Hanna Damásio sabe o que penso, mas ainda assim lê cada palavra que escrevo. Concordando ou não com as minhas ideias, ela pacientemente oferece comentários construtivos. Suas contribuições são fundamentais para a obra, e minha gratidão é imensa.

Notas

SOBRE SER, SENTIR E SABER [pp. 31-5]

1. Em meu livro anterior, *The Strange Order of Things: Life, Feeling, and the Making of Cultures* (Nova York: Pantheon Books, 2018, publicado no Brasil com o título *A estranha ordem das coisas*, Companhia das Letras, 2018), analiso os fatos surpreendentes mencionados aqui. Os primeiros seres na história da vida foram muito mais inteligentes do que se poderia esperar. Ver também António Damásio e Hanna Damásio, "How Life Regulation and Feelings Motivate the Cultural Mind: A Neurobiological Account", em Olivier Houdé e Grégoire Borst (Orgs.), *The Cambridge Handbook of Cognitive Development* (Cambridge, UK: Cambridge University Press, 2021) para uma exposição recente sobre a intersecção entre biologia e cultura.

2. O *quorum sensing* é um exemplo impressionante da extraordinária inteligência de bactérias e outros organismos unicelulares. Ver Stephen P. Diggle, Ashleigh S. Griffin, Genevieve S. Campbell e Stuart A. West, "Cooperation and Conflict in Quorum-Sensing Bacterial Populations", *Nature*, v. 450, n. 7168, 2007, pp. 411-14; Kenneth H. Nealson e J. Woodland Hastings, "Quorum Sensing on a Global Scale: Massive Numbers of Bioluminescent Bacteria Make Milky Seas", *Applied and Environmental Microbiology*, v. 72, n. 4, 2006, pp. 2295-97.

As obras a seguir apresentam detalhes dos processos da vida e das extraordinárias capacidades de organismos unicelulares: Arto Annila e Erkki Annila, "Why Did Life Emerge?", *International Journal of Astrobiology*, v. 7, n. 3-4, 2008, pp. 293-300; Thomas R. Cech, "The RNA Worlds in Context", *Cold Spring Harbor Perspectives in Biology*, v. 4, n. 7, 2012, a006742; Richard Dawkins, *The Selfish Gene: 30th Anniversary Edition* (Nova York: Oxford University Press, 2006); Christian de Duve, *Singularities: Landmarks in the Pathways of Life* (Cambridge, UK: Cambridge University Press, 2005); Christian de Duve, *Vital Dust: The Origin and Evolution of Life on Earth* (Nova York: Basic Books, 1995); Freeman Dyson, *Origins of Life* (Nova York: Cambridge University Press, 1999); Gerald Edelman, *Neural Darwinism: The Theory of Neuronal Group Selection* (Nova York: Basic Books, 1987); Gregory D. Edgecombe e David A. Legg, "Origins and Early Evolution of Arthropods", *Palaeontology*, v. 57, n. 3, 2014, pp. 457-68; Ivan Erill, Susana Campoy e Jordi Barbé, "Aeons of Distress: An Evolutionary Perspective on the Bacterial SOS Response", *FEMS Microbiology Reviews*, v. 31, n. 6, 2007, pp. 637-56; Robert A. Foley, Lawrence Martin, Marta Mirazón Lahr e Chris Stringer, "Major Transitions in Human Evolution", *Philosophical Transactions of the Royal Society B*, v. 371, n. 1698, 2016, doi.org/10.1098/rstb.2015.0229; Tibor Gantí, *The Principles of Life* (Nova York: Oxford University Press, 2003); Daniel G. Gibson, John I. Glass, Carole Lartigue, Vladimir N. Noskov, Ray-Yuan Chuang, Mikkel A. Algire, Gwynedd A. Benders et al., "Creation of a Bacterial Cell Controlled by a Chemically Synthesized Genome", *Science*, v. 329, n. 5987, 2010, pp. 52-56; Paul G. Higgs e Niles Lehman, "The RNA World: Molecular Cooperation at the Origins of Life", *Nature Reviews Genetics*, v. 16, n. 1, 2015, pp. 7-17; Alexandre Jousset, Nico Eisenhauer, Eva Materne e Stefan Scheu, "Evolutionary History Predicts the Stability of Cooperation in Microbial Communities", *Nature Communications*, n. 4, 2013; Gerald F. Joyce, "Bit by Bit: The Darwinian Basis of Life", *PLoS Biology*, v. 10, n. 5, 2012: e1001323; Stuart Kauffman, "What Is Life?", *Israel Journal of Chemistry*, v. 55, n. 8, 2015, pp. 875-79; Daniel B. Kearns, "A Field Guide to Bacterial Swarming Motility", *Nature Reviews Microbiology*, v. 8, n. 9, 2010, pp. 634-44; Maya E. Kotas e Ruslan Medzhitov, "Homeostasis, Inflammation, and Disease Susceptibility, *Cell*, v. 160, n. 5, 2015, pp. 816-27; Karin E. Kram e Steven E. Finkel, "Rich Medium Composition Affects *Escherichia coli* Survival, Glycation, and Mutation Frequency During Long-Term Batch Culture", *Applied and Environmental Microbiology*, v. 81, n. 13, 2015, pp. 4442-50; Richard Leakey, *The Origin of Humankind*, Nova York: Basic Books, 1994; Derek Le Roith, Joseph Shiloach, Jesse Roth e Maxine A. Lesniak, "Evolutionary Origins of Vertebrate Hormones: Substances Similar to Mammalian Insulins Are Native to Unicellular Eukaryotes", *Proceedings of the National Academy of Sciences*, v. 77, n. 10, 1980, pp. 6184-88; Michael Levin, "The Computational Boundary of a 'Self': Developmental Bioelectricity Drives Multicellularity and Scale-Free Cognition", *Frontiers in Psychology*, 2019; Richard C. Lewontin, *Biology as Ideology: The Doctrine of DNA*

(Nova York: HarperPerennial, 1991); Mark Lyte e John F. Cryan, *Microbial Endocrinology: The Microbiota-Gut-Brain Axis in Health and Disease* (Nova York: Springer, 2014); Alberto P. Macho e Cyril Zipfel, "Plant PRRs and the Activation of Innate Immune Signaling", *Molecular Cell*, v. 54, n. 2, 2014, pp. 263-72; Lynn Margulis, *Symbiotic Planet: A New View of Evolution* (Nova York: Basic Books, 1998); Humberto R. Maturana e Francisco J. Varela, "Autopoiesis: The Organization of Living", em Humberto R. Maturana e Francisco J. Varela (Orgs.), *Autopoiesis and Cognition* (Dordrecht: Reidel, 1980), pp. 73-155; Margaret J. McFall-Ngai, "The Importance of Microbes in Animal Development: Lessons from the Squid-Vibrio Symbiosis", *Annual Review of Microbiology*, n. 68, 2014, pp. 177-94; Stephen B. McMahon, Federica La Russa e David L. H. Bennett, "Crosstalk Between the Nociceptive and Immune Systems in Host Defense and Disease", *Nature Reviews Neuroscience*, v. 16, n. 7, 2015, pp. 389-402; Lucas John Mix, "Defending Definitions of Life", *Astrobiology*, v. 15, n. 1, 2015, pp. 15-19; Robert Pascal, Addy Pross e John D. Sutherland, "Towards an Evolutionary Theory of the Origin of Life Based on Kinetics and Thermodynamics", *Open Biology*, v. 3, n. 11, 2013: 130156; Alexandre Persat, Carey D. Nadell, Minyoung Kevin Kim, François Ingremeau, Albert Siryaporn, Knut Drescher, Ned S. Wingreen, Bonnie L. Bassler, Zemer Gitai e Howard A. Stone, "The Mechanical World of Bacteria", *Cell*, v. 161, n. 5, 2015, pp. 988-97; Abe Pressman, Celia Blanco e Irene A. Chen, "The RNA World as a Model System to Study the Origin of Life", *Current Biology*, v. 25, n. 19, 2015, R953-R-963; Paul B. Rainey e Katrina Rainey, "Evolution of Cooperation and Conflict in Experimental Bacterial Populations", *Nature*, v. 425, n. 6953, 2003, pp. 72-74; Kepa Ruiz-Mirazo, Carlos Briones e Andrés de La Escosura, "Prebiotic Systems Chemistry: New Perspectives for the Origins of Life", *Chemical Reviews*, v. 114, n. 1, 2014, pp. 285-366; Erwin Schrödinger, *What Is Life?* Cambridge, UK: Cambridge University Press, 1944; Vanessa Sperandio, Alfredo G. Torres, Bruce Jarvis, James P. Nataro e James B. Kaper, "Bacteria-Host Communication: The Language of Hormones", *Proceedings of the National Academy of Sciences*, v. 100, n. 15, 2003, pp. 8951-56; Jan Spitzer, Gary J. Pielak e Bert Poolman, "Emergence of Life: Physical Chemistry Changes the Paradigm", *Biology Direct*, v. 10, n. 33, 2015; Eörs Szathmáry e John Maynard Smith, "The Major Evolutionary Transitions", *Nature*, v. 374, n. 6519, 1995, pp. 227-32; D'Arcy Thompson, *On Growth and Form* (Cambridge, UK: Cambridge University Press, 1942); John S. Torday, "A Central Theory of Biology", *Medical Hypotheses*, v. 85, n. 1, 2015, pp. 49-57.

    3. Em um livro anterior tratei da noção de self e suas variedades e examinei suas possíveis bases fisiológicas. António Damásio, *Self Comes to Mind: Constructing the Conscious Brain* (Nova York: Pantheon Books, 2010, publicado no Brasil com o título *E o cérebro criou o homem*, Companhia das Letras, 2011).

INTELIGÊNCIA, MENTE E CONSCIÊNCIA [pp. 39-42]

    1. O trabalho de František Baluška e Michael Levin é especialmente importante para o exame das inteligências implícitas. František Baluška e Michael Levin, "On Having no Head: Cognition Throughout Biological Systems", *Frontiers in Psychology*, n. 7, 2016, pp. 1-19; František Baluška e Stefano Mancuso, "Deep Evolutionary Origins of Neurobiology: Turning the Essence of 'Neural' Upside-Down", *Communicative and Integrative Biology*, v. 2, n. 1, 2009, pp. 60-5; František Baluška e Arthur Reber, Sentience and Consciousness in Single Cells: How the First Minds Emerged in Unicellular Species", *BioEssays*, v. 41, n. 3, 2019; Paco Calvo e František Baluška, "Conditions for Minimal Intelligence Across Eukaryota: A Cognitive Science Perspective", *Frontiers in Psychology*, n. 6, 2015, pp. 1-4, doi.org/10.3389/fpsyg.2015.01329.

SENTIR NÃO É O MESMO QUE ESTAR CONSCIENTE
E NÃO REQUER UMA MENTE [pp. 43-5]

    1. Claude Bernard, *Leçons sur les phénomènes de la vie communs aux animaux et aux végétaux* (Paris: J.-B. Baillière et Fils, 1879), reimpresso da coleção da University of Michigan Library; A. J. Trewavas, "What is Plant Behavior?", *Plant Cell and Environment*, n. 32, 2009, pp. 606-16; Edward O. Wilson, *The Social Conquest of the Earth* (Nova York: Liveright, 2012).

A PRODUÇÃO DE IMAGENS MENTAIS [pp. 49-50]

    1. Para uma análise abrangente de seu pioneiro trabalho sobre a visão, ver David Hubel e Torsten Wiesel, *Brain and Visual Perception* (Nova York: Oxford University Press, 2004); Richard Masland, *We Know It When We See It: What the Neurobiology of Vision Tells Us About How We Think* (Nova York: Basic Books, 2020) apresenta uma perspectiva recente sobre a percepção visual. Ver também Eric Kandel, James H. Schwartz, Thomas M. Jessell, Steven A. Siegelbaum e A. J. Hudspeth (Orgs.), *Principles of Neural Science*, 5. ed. (Nova York: McGraw-Hill, 2013); Stephen M. Kosslyn, *Image and Mind* (Cambridge, Mass.: Harvard University Press, 1980); Stephen M. Kosslyn, Giorgio Ganis e William L. Thompson, "Neural Foundations of Imagery", *Nature Reviews Neuroscience*, n. 2, 2001, pp. 635-42; Stephen M. Kosslyn, Alvaro Pascual-Leone, Olivier Felician, Susana Camposano et al., "The Role of Area 17 in Visual Imagery: Conver-

gent Evidence From PET and rTMS", *Science*, n. 284, 1999, pp. 167-70; Scott D. Slotnick, William L. Thompson e Stephen M. Kosslyn, "Visual Mental Imagery Induces Retinotopically Organized Activation of Early Visual Areas", *Cerebral Cortex*, n. 15, 2005, pp. 1570-83.

2. As complexidades da percepção olfatória e gustativa foram investigadas nos estudos pioneiros de Richard Axel, Linda Buck e Cornelia Bargmann. Ver, por exemplo, L. Buck e R. Axel, "A Novel multigene family may encode odorant receptors: A molecular basis for odor recognition", *Cell*, n. 65, 1991, pp. 175-187.

TRANSFORMAÇÃO DE ATIVIDADE NEURAL
EM MOVIMENTO E MENTE [pp. 51-2]

1. Kandel, Schwartz, Jessell, Siegelbaum e Hudspeth, *Principles of Neural Science*. Capítulos sobre a anatomia e fisiologia do sistema nervoso.

2. Colin Klein e Andrew B. Barron, "How Experimental Neuroscientists Can Fix the Hard Problem of Consciousness", *Neuroscience of Consciousness*, v. 2020, n. 1, 2020: niaa009, doi.org/10.1093/nc/niaa009.

A FABRICAÇÃO DE MENTES [pp. 53-5]

1. Stuart Hameroff, "The Quantum Origin of Life: How the Brain Evolved to Feel Good", em Michel Tibayrenc e Francisco José Ayala (Orgs.), *On Human Nature* (Amsterdam: Elsevier/AP, 2017), pp. 333-53; Roger Penrose, "The Emperor's New Mind", *Royal Society for the Encouragement of Arts, Manufactures, and Commerce*, v. 139, n. 5420, 1991, www.jstor.org/stable/41378098.

A MENTE DAS PLANTAS E A SABEDORIA
DO PRÍNCIPE CHARLES [pp. 56-8]

1. Walter B. Cannon, *The Wisdom of the Body* (Nova York: Norton, 1932); Walter B. Cannon, "Organization for Physiological Homeostasis", *Physiological Review*, n. 9, 1929, pp. 399-431; Claude Bernard, *Leçons sur les phénomènes de la vie communs aux animaux et aux végétaux* (Paris: J.-B. Baillière et fils, 1879), reimpresso da coleção da University of Michigan Library; Michael Pollan, "The Intelligent Plant", *New Yorker*, 23 e 30 dez., 2013.

2. Em certas circunstâncias, plantas podem ser parte de relações colaborativas e até simbióticas. As redes subterrâneas de raízes de árvores em florestas

são ótimos exemplos. Tudo isso demonstra o poder de variedades de inteligência sem mente, sem consciência e, desnecessário dizer, não neurais. Ver Monica Gagliano, *Thus Spoke the Plant* (Nova York: Penguin Random House, 2018).

ALGORITMOS NA COZINHA [pp. 59-60]

1. Michel Serres, *Petite Poucette* (Paris: Le Pommier, 2012).

OS PRINCÍPIOS DOS SENTIMENTOS:
PREPARAÇÃO DO PALCO [p. 63]

1. Stuart Hameroff, entre outros, aventou que os organismos talvez tenham tido sentimentos antes mesmo do surgimento de sistemas nervosos. A fonte dessa ideia, no meu entender, é o fato de que é mais provável que certas "configurações físicas" sejam associadas a estados de vida mais estáveis e viáveis. Acredito que isso seja verdade, mas não decorre daí que essas configurações físicas propícias iriam ou poderiam gerar sentimentos, isto é, gerar estados mentais concernentes à condição corrente do organismo. Que eu saiba, a existência de estados mentais requer a presença de um sistema nervoso consideravelmente elaborado e depende da representação de estados do organismo em mapas neurais. Ver Stuart Hameroff, "The Quantum Origin of Life: How the Brain Evolved to Feel Good", em Michel Tibayrenc e Francisco José Ayala (Orgs.), *On Human Nature* (Amsterdam: Elsevier/AP, 2017), pp. 333-53.

AFETO [pp. 64-9]

1. Meu uso do termo "primordial" é convencional e se refere à natureza simples e direta daquilo que concebo como sentimentos do modo como eram quando emergiram no começo da evolução humana e como eles ainda provavelmente são em muitas espécies não humanas, para não falar dos bebês humanos. Refiro-me a todos esses sentimentos incipientes como "homeostáticos" para separá-los claramente dos sentimentos emocionais, cuja fonte é o acionamento de emoções. Derek Denton escreveu um livro importante intitulado *The Primordial Emotions* [publicado no Brasil com o título *As emoções primordiais*] em que o termo "primordial" indica uma classe de processos homeostáticos que produzem, em suas palavras, "estados imperiosos de excitação e intenções urgentes de agir". Os processos de respiração e excreção (como a micção) são

exemplos. Essas emoções primordiais são seguidas pelos respectivos sentimentos. A situação original que causa essas emoções ou sentimentos primordiais é o bloqueio de vias respiratórias e a resultante "fome de ar". Derek Denton, *The Primordial Emotions: The Dawning of Consciousness* (Oxford: Oxford University Press, 2005).

2. Manos Tsakiris e Helena De Preester coligiram uma notável coletânea de artigos sobre o tema da interocepção, escritos pela maioria dos neurocientistas que lideram o interesse atual pela interocepção: Manos Tsarikis e Helena De Preester (Orgs.), *The Interoceptive Mind: From Homeostasis to Awareness* (Oxford: Oxford University Press, 2019).

Ver também A. D. Craig, *How Do You Feel? An Interoceptive Moment with Your Neurobiological Self* (Princeton, N.J.: Princeton University Press, 2015); A. D. Craig, "Interoception: The Sense of the Physiological Condition of the Body", *Current Opinion in Neurobiology*, v. 13, n. 4, 2003, pp. 500-5; Hugo D. Critchley, Stefan Wiens, Pia Rotshtein, Arne Öhman e Raymond J. Dolan, "Neural Systems Supporting Interoceptive Awareness", *Nature Neuroscience*, v. 7, n. 2, 2004, pp. 189-95.

3. Para uma distinção razoável entre homeostase e alostase, ver Bruce S. McEwen, "Stress, Adaptation, and Disease: Allostasis and Allostatic Load", *Annals of the New York Academy of Sciences*, v. 840, n. 1, 1998, pp. 33-44.

4. As fontes a seguir abordam abrangentemente o tema do afeto e variam desde a concepção geral até a implementação biológica: Ralph Adolphs e David J. Anderson, *The Neuroscience of Emotion: A New Synthesis* (Princeton, N.J.: Princeton University Press, 2018); Ralph Adolphs, Hanna Damásio, Daniel Tranel, Greg Cooper e António Damásio, "A Role for Somatosensory Cortices in the Visual Recognition of Emotion as Revealed by Three-Dimensional Lesion Mapping", *Journal of Neuroscience*, v. 20, n. 7, 2000, pp. 2683-90; António Damásio, *The Feeling of What Happens: Body and Emotion in the Making of Consciousness* (Nova York: Harcourt Brace, 1999, publicado no Brasil com o título *O mistério da consciência*, Companhia das Letras, 2000); António Damásio, Hanna Damásio e Daniel Tranel, "Persistence of Feelings and Sentience After Bilateral Damage of the Insula", *Cerebral Cortex*, n. 23, 2012, pp. 833-46; António Damásio, Thomas J. Grabowski, Antoine Bechara, Hanna Damásio, Laura L. B. Ponto, Josef Parvizi e Richard Hichwa, "Subcortical and Cortical Brain Activity During the Feeling of Self-Generated Emotions", *Nature Neuroscience*, v. 3, n. 10, 2000, pp. 1049-56, doi.org/10.1038/79871; António Damásio e Joseph LeDoux, "Emotion", em Eric Kandel, James H. Schwartz, Thomas M. Jessell, Steven A. Siegelbaum e A. J. Hudspeth (Orgs.), *Principles of Neural Science*, 5. ed. (Nova York: McGraw-Hill, 2013); Richard Davidson e Brianna S. Shuyler, "Neuroscience of Happiness", em John F. Helliwell, Richard Layard e Jeffrey Sachs

(Orgs.), *World Happiness Report 2015* (Nova York: Sustainable Development Solutions Network, 2015); Mary Helen Immordino-Yang, *Emotions, Learning, and the Brain: Exploring the Educational Implications of Affective Neuroscience* (Nova York: W. W. Norton, 2015); Kenneth H. Nealson e J. Woodland Hastings, "Quorum Sensing on a Global Scale: Massive Numbers of Bioluminescent Bacteria Make Milky Seas", *Applied and Environmental Microbiology*, v. 72, n. 4, 2006, pp. 2295-97; Anil K. Seth, "Interoceptive Inference, Emotion, and the Embodied Self", *Trends in Cognitive Sciences*, v. 17, n. 11, 2013, pp. 565-73; Mark Solms, *The Feeling Brain: Selected Papers on Neuropsychoanalysis* (Londres: Karnac Books, 2015); Anthony G. Vaccaro, Jonas T. Kaplan e António Damásio, "Bittersweet: The Neuroscience of Ambivalent Affect", *Perspectives on Psychological Science*, n. 15, 2020, pp. 1187-99.

EFICIÊNCIA BIOLÓGICA E A ORIGEM
DOS SENTIMENTOS [pp. 70-1]

1. Stuart Hameroff, "The Quantum Origin of Life: How the Brain Evolved to Feel Good", em Michel Tibayrenc e Francisco José Ayala (Orgs.), *On Human Nature* (Amsterdam: Elsevier/AP 2017), pp. 333-53.

ALICERÇANDO SENTIMENTOS III [pp. 75-7]

1. Helena De Preester escreveu um texto incisivo e informativo sobre a fenomenologia dos sentimentos que aborda diretamente essa questão. Os sentimentos, se quisermos nos referir a eles como "percepções", certamente são exemplos *não convencionais* desses processos. Helena De Preester, "Subjectivity as a Sentient Perspective and the Role of Interoception", em Tsakiris e De Preester, *Interoceptive Mind*.

ALICERÇANDO SENTIMENTOS IV [pp. 78-80]

1. António Damásio e Gil B. Carvalho, "The Nature of Feelings: Evolutionary and Neurobiological Origins", *Nature Reviews Neuroscience*, v. 14, n. 2, 2013, pp. 143-52; Gil Carvalho e António Damásio, "Interoception as the Origin of Feelings: A New Synthesis", *BioEssays*, 24 mar. 2021, disponível em: <https://onlinelibrary.wiley.com/doi/10.1002/bies.202000261>

ALICERÇANDO SENTIMENTOS V [pp. 81-3]

1. António Damásio, *The Strange Order of Things: Life, Feeling, and the Making of Cultures* (Nova York: Pantheon Books, 2018). [Ed. bras.: *A estranha ordem das coisas*. São Paulo: Companhia das Letras, 2018.]

ALICERÇANDO SENTIMENTOS VI [pp. 84-6]

1. Derek Denton, *Primordial Emotions: The Dawning of Consciousness* (Oxford: Oxford University Press, 2005).

ALICERÇANDO SENTIMENTOS VII [pp. 87-8]

1. He-Bin Tang, Yu-Sang Li, Koji Arihiro e Yoshihiro Nakata, "Activation of the Neurokinin-1 Receptor by Substance P Triggers the Release of Substance P from Cultured Adult Rat Dorsal Root Ganglion Neurons", *Molecular Pain*, v. 3, n. 1, 2007, p. 42, doi.org/10.1186/1744-8069-3-42.

SENTIMENTOS HOMEOSTÁTICOS EM UM CONTEXTO SOCIOCULTURAL [p. 89]

1. As profundas conexões entre fenômenos biológicos e estruturas e operações socioculturais são analisadas em *The Strange Order of Things* (op. cit.). Ver também Marco Verweij e António Damásio, "The Somatic Marker Hypothesis and Political Life", em *Oxford Research Encyclopedia of Politics* (Oxford University Press, 2019).

POR QUE A CONSCIÊNCIA? POR QUE AGORA? [pp. 95-9]

1. Analiso a relação íntima entre biologia e evolução de culturas em meu livro *The Strange Order of Things: Life, Feelings, and the Making of Cultures* (Nova York: Pantheon Books, 2018) [Ed. bras.: *A estranha ordem das coisas*. São Paulo: Companhia das Letras, 2018.].
2. W. H. Auden, *For the Time Being: A Christmas Oratorio* (Londres: Plough, 1942).

CONSCIÊNCIA NATURAL [pp. 100-4]

1. A palavra *consciousness* é tão recente que não aparece em nenhuma obra de Shakespeare. As línguas românicas não criaram um equivalente da palavra inglesa *consciousness* e ainda usam "consciente" tanto como sinônimo de "em estado consciente" como para referir-se ao comportamento moral. Quando Hamlet diz "Thus conscience does make cowards of us all" ["Assim a consciência faz de todos nós covardes"] ele se refere a escrúpulos morais e não ao estado consciente. A palavra *consciousness* estreou em 1690, definida por John Locke como "a percepção do que se passa na mente de um homem". Nada mau, porém não tão bom quanto precisa ser.
2. Derek Denton. *The Primordial Emotions: The Dawning of Consciousness*. Oxford: Oxford University Press, 2005.

O PROBLEMA DA CONSCIÊNCIA [pp. 105-8]

1. Stuart Hameroff e Christof Koch são dois biólogos que adotam uma perspectiva pampsiquista em seus estudos sobre a consciência.
2. David J. Chalmers, *The Conscious Mind: In Search of a Fundamental Theory*. (Oxford: Oxford University Press, 1996).
3. Thomas Nagel, "What Is It Like to Be a Bat?", *Philosophical Review*, v. 83, n. 4, 1974, pp. 435-50, doi.org/10.2307/2183914.
4. Alguns filósofos criticam a noção do problema difícil por outras razões, como é o caso de Daniel Dennett. Daniel C. Dennett, "Facing Up to the Hard Question of Consciousness", *Philosophical Transactions of the Royal Society B*, 2018, doi.org/10/1098/rstb.2017.0342.
5. Para uma análise recente de teorias e fatos sobre a consciência, ver Simona Ginsburg e Eva Jablonka, *The Evolution of the Sensitive Soul: Learning and the Origins of Consciousness* (Cambridge, Mass.: MIT Press, 2019). O livro apresenta um levantamento abrangente de concepções contemporâneas sobre a consciência, contemplando perspectivas principalmente fisiológicas e biológicas. Ver também António Damásio, "Feeling & Knowing: Making Mind Conscious", *Cognitive Neuroscience*, 2021.

ESTAR CONSCIENTE NÃO É O MESMO QUE ESTAR ACORDADO [pp. 115-6]

1. António Damásio e Kaspar Meyer, "Consciousness: An Overview of the Phenomenon and of Its Possible Neural Basis", em Steven Laureys e Giulio To-

noni (Orgs.), *The Neurology of Consciousness* (Burlington, Mass.: Elsevier, 2009), pp. 3-14.

CONSCIÊNCIA AMPLIADA [pp. 120-1]

1. António Damásio, *The Feeling of What Happens: Body and Emotion in the Making of Consciousness* (Nova York: Harcourt Brace, 1999).

FÁCIL — E A VOCÊ TAMBÉM [pp. 122-3]

1. Emily Dickinson, "Poem XLIII", em *Collected Poems* (Filadélfia: Courage Books, 1991).

REUNIÃO DE CONHECIMENTOS [pp. 128-9]

1. Meu colega Max Henning fez o seguinte comentário sobre essa passagem: "Explicar a consciência localizando o sujeito mental não em alguma função ou substância fisiológica especial e distinta e sim de forma fragmentada, em atributos de cada imagem do fluxo mental, tem um precedente fascinante na filosofia budista. Especificamente, as doutrinas budistas do 'não eu' (*anattā*, em pali) e da 'originação dependente' professam que o sujeito mental ou 'eu' não tem uma essência substantiva distinta; ele existe somente em relação a 'objetos' mentais, que por sua vez só existem em relação ao sujeito, como afirma o filósofo David Loy. Essa aparente convergência da investigação soteriológica e epistemológica da natureza da consciência e do sujeito mental pede mais estudos".
David R. Loy, *Nonduality: In Buddhism and Other Spiritual Traditions* (Somerville: Wisdom Publications, 2019).

A INTEGRAÇÃO NÃO É A FONTE DA CONSCIÊNCIA [pp. 130-1]

1. Giulio Tononi e Christof Koch propõem um papel diferente para a integração de informações. Ver Christof Koch, *The Feeling of Life Itself: Why Consciousness is Widespread but Can't Be Computed* (Cambridge, Mass.: MIT Press, 2019). A palavra *feeling* no título do livro de Koch parece referir-se a uma conjunção de fatores cognitivos e não ao fenômeno afetivo que examino neste livro.

CONSCIÊNCIA E ATENÇÃO [pp. 132-3]

1. Stanislas Dehaene e Jean-Pierre Changeux contribuíram notavelmente para elucidar a intersecção de atenção e consciência e forneceram os textos fundamentais nessa área. Ver Stanislas Dehaene, *Consciousness and the Brain: Deciphering How the Brain Codes Our Thoughts* (Nova York: Viking, 2014).

PERDA DE CONSCIÊNCIA [pp. 136-40]

1. Recordações pessoais.
2. František Baluška, Ken Yokawa, Stefano Mancuso e Keith Baverstock, "Understanding of Anesthesia — Why Consciousness is Essential for Life and Not Based on Genes", *Communicative and Integrative Biology*, v. 9, n. 6, 2016, doi.org/10.1080/19420889.2016.1238118.
3. Jerome B. Posner, Clifford B. Saper, Nicholas D. Schiff e Fred Plum, *Plum and Posner's Diagnosis of Stupor and Coma*. Nova York: Oxford University Press, 2007.
4. Ver Damásio, *Feeling of What Happens*, cap. 8, sobre a neurologia da consciência. Ver também Josef Parvizi e António Damásio, "Neuroanatomical Correlates of Brainstem Coma", *Brain*, v. 126, n. 7, 2003, pp. 1524-36; Josef Parvizi e António Damásio, "Consciousness and the Brainstem", *Cognition*, v. 79, n. 1, 2001, pp. 135-60.

OS CÓRTICES CEREBRAIS E O TRONCO ENCEFÁLICO
NA PRODUÇÃO DA CONSCIÊNCIA [pp. 141-5]

1. António Damásio, *Self Comes to Mind: Constructing the Conscious Brain* (Nova York: Pantheon Books, 2010); António Damásio, Hanna Damásio e Daniel Tranel, "Persistence of Feelings and Sentience After Bilateral Damage of the Insula", *Cerebral Cortex*, n. 23, 2012, pp. 833-46; António Damásio e Kaspar Meyer, "Consciousness: An Overview of the Phenomenon and of Its Possible Neural Basis", em Steven Laureys e Giulio Tononi (Orgs.), *The Neurology of Consciousness* (Burlington, Mass.: Elsevier, 2009, pp. 3-14).

MÁQUINAS QUE SENTEM E MÁQUINAS CONSCIENTES [pp. 146-8]

1. Kingson Man e António Damásio, "Homeostasis and Soft Robotics in the Design of Feeling Machines", *Nature Machine Intelligence*, n. 1, 2019, pp. 446-52, doi.org/10.1038/s42256-019-0103-7.

EPÍLOGO: SEJAMOS JUSTOS [pp. 149-53]

1. Admiro especialmente as ideias de Peter Singer e Paul Farmer como respostas para as atuais adversidades da espécie humana. Ver Peter Singer, *The Expanding Circle: Ethics, Evolution, and Moral Progress* (Princeton, N.J.: Princeton University Press, 2011); Paul Farmer, *Fevers, Feuds, and Diamonds: Ebola and the Ravages of History* (Nova York: Farrar, Strauss and Giroux, 2020).

Bibliografia suplementar

BARSALOU, Lawrence W. "Grounded Cognition". *Annual Review of Psychology*, n. 59, 2008, pp. 617-45.

BOSTROM, Nick. *Superintelligence: Paths, Dangers, Strategies*. Oxford: Oxford University Press, 2014.

CARROLL, Sean. *The Big Picture*. Nova York: Dutton, 2016.

GRAY, John. *The Silence of Animals: On Progress and Other Modern Myths*. Nova York: Farrar, Straus and Giroux, 2013.

HUSTVEDT, Siri. *The Delusions of Certainty*. Nova York: Simon & Schuster, 2017.

QUIROGA, Rodrigo Quian. "Plugging into Human Memory: Advantages, Challenges, and Insights from Human Single-Neuron Recordings". *Cell*, v. 179, n. 5, pp. 1015-32, 2019. doi.org/10.1016/j.cell.2019.10.016.

RUDRAUF, David; BENNEQUIN, Daniel; GRANIC, Isabela; LANDINI, Gregory; FRISTON, Karl; WILLIFORD, Kenneth. "A Mathematical Model of Embodied Consciousness". *Journal of Theoretical Biology*, n. 428, pp. 106-31, 2017. doi.org/10.1016/j.jtbi.2017.05.032

TORDAY, John S. "A Central Theory of Biology", *Medical Hypotheses*, v. 85, n. 1, pp. 49-57, 2015.

VILLARREAL, Luis P. "Are Viruses Alive?" *Scientific American*, v. 291, n. 6, pp. 100-5, 2004. doi.org/10.2307/26060805.

WILSON, Edward O. *The Social Conquest of the Earth*. Nova York: Liveright, 2012.

Índice remissivo

Os números de página seguidos por *f* e *t* referem-se respectivamente a figuras e tabelas.

ácidos nucleicos, 26, 42; *ver também* DNA; RNA
Adolphs, Ralph, 163*n*
afeto(s), 50, 64, 67-9, 73, 105, 118, 133, 135, 143, 147, 162-3*n*, 167*n*
álcool, 136-8
alegria, 15, 33, 67-8, 146
algoritmos, 59-60, 162*n*; *ver também* explicações algorítmicas da humanidade
alostase, 68, 163*n*
amígdala cerebral, 88
analgésicos, 137
Andreyev, Elena, 156
Andsnes, Leif Ove, 133
anestesia, 44-5, 56, 136-7
"antigo", mundo interno, 118
Araujo, Helder, 155
área postrema do cérebro, 144*f*

Argerich, Martha, 133
arte, 13, 150, 153, 156
árvores, 152, 161*n*
Astaire, Fred, 90
atenção, consciência e, 132-3, 168*n*
Auden, W. H., 98, 165*n*
audição, 34, 46, 49, 51, 66, 78, 102, 118, 141
aves, 36*t*, 45, 55
Axel, Richard, 161*n*
axônios, 79*f*, 80*f*
Aziz-Zadeh, Lisa, 156

Bach, Johann Sebastian, 156
bactérias, 14-5, 24-6, 32, 36*t*, 39-40, 42-5, 70, 86, 110, 137, 147, 151-2, 157*n*
Baluška, František, 160*n*, 168*n*
Barenboim, Daniel, 156

Bargmann, Cornelia, 161*n*
barreira hematoencefálica e hemato-
  neural, 80
Barsalou, Lawrence W., 171
Bechara, Antoine, 163*n*
bem-estar, 15, 24, 63, 71, 77, 82, 88-9,
  96, 98-9, 103, 138, 153
Bennequin, Daniel, 171
Berggruen, Nicolas, 156
Bernard, Claude, 44, 56-8, 160-1*n*
biologia, 14, 28, 48, 55-6, 105-6, 155,
  157*n*, 165*n*; dos sentimentos, 63,
  73; eficiência biológica, 70-1; origens biológicas da cultura, 30,
  120, 152, 157*n*
Borst, Grégoire, 157*n*
Bostrom, Nick, 171
"Brain — is Wider than the Sky, The"
  (Dickinson), 122
Buck, Linda, 161*n*
budismo, 98, 167*n*

Cahn, Rael, 155
Cannon, Walter, 57, 161*n*
Carlisle, Michael, 156
Carroll, Sean, 171
Carvalho, Gil, 155, 164*n*
células: membranas celulares, 42-3,
  45; nervosas, 36*t*, 49; organelas,
  42; primeiras células (procariotas), 36*t*; seres unicelulares, 14,
  23-4, 36*t*, 42, 45, 106, 157*n*; *ver
  também* neurônios
cérebro, 102, 107, 139*f*, 142*f*, 144*f*;
  amígdala cerebral, 88; área postrema, 144*f*; colículos superiores,
  144*f*; componentes subcorticais,
  143; hipotálamo, 85, 144*f*; junção
  temporoparietal (JTP), 141, 142*f*;
  núcleo do trato solitário (NTS),
  143-4; núcleo parabraquial, 143-
  4; parcerias cérebro-corpo, 67;
  prosencéfalo basal, 88; região cingulada anterior, 88, 142; substância periaquedutal mesencefálica,
  88, 143-4; "The Brain — is Wider
  than the Sky" (Dickinson), 122;
  tronco encefálico, 80, 84-5, 88,
  138-44, 139*f*, 144*f*, 168*n*; *ver também* córtex cerebral; neurônios;
  sistemas nervosos
Chalmers, David, 106, 166*n*
Changeux, Jean-Pierre, 168*n*
Charcot, Jean-Martin, 138
Charles, príncipe, 56, 58
Christov-Moore, Leonardo, 156
cólica renal, 66
colículos superiores, 144*f*
competências, 14, 25, 53, 147; *ver
  também* inteligência(s)
conhecimento, 15, 22, 24, 28, 33-4,
  43-4, 64, 82, 93, 101, 107, 110-1,
  118, 121, 126-30, 142, 145; *ver
  também* saber, o
consciência, 14, 16, 24, 27, 45-6, 55,
  71, 95-8, 100, 102-15, 117-8, 120-
  5, 128-30, 132-3, 136-43, 145,
  148, 151-2, 165-8*n*; ampliada,
  121, 167*n*; distinção de atenção,
  132-3, 168*n*; "fluxo de consciência", 46; integração e, 129-30,
  167*n*; problema crucial da, 15, 55,
  107, 112, 120, 124, 139*f*; "problema difícil" da, 52, 106-7, 166*n*;
  vigília e, 115; *ver também* mente
córtex cerebral, 50, 54, 67, 85, 88,
  138, 141-4, 142*f*, 144*f*, 168*n*;
  áreas corticais sensoriais, 141;
  córtex insular, 86, 142-4, 144*f*;
  córtices frontais, 143, 145; córti-

ces posteromediais (CPM), 142-3, 142f, 145; córtices pré-frontais, 141-2, 142f, 144; córtices sensoriais posteriores, 141-3, 145
Craig, A. D., 163n
criatividade, 15, 30, 40, 96-9, 111, 120, 147
Critchley, Hugo D., 163n
cronologia da vida, 36t
culturas, 30, 81, 96-7, 150, 165n; origens biológicas da cultura, 30, 120, 152, 157n

Damásio, António, 157n, 159n, 163-9n
Damásio, Hanna, 156-7, 163n, 168n
De Duve, Christian, 158n
De Preester, Helena, 163-4n
Dehaene, Stanislas, 168n
Dehghani, Morteza, 156
Dennett, Daniel, 166n
Denton, Derek, 162-6n
desmaio, 138
detecção de "presença", 21, 76, 151
Dickinson, Emily, 122-3, 167n
disfarçadas, inteligências, 41-2
DNA, 26
dopamina, 87
dor, 15, 46, 50, 63-4, 66, 68, 71, 77, 82, 88-9, 95-9, 103, 113, 137-8, 153
drogas, dependência de, 136-8

eficiência biológica, 70-1
emoções, 68-9, 86, 103, 105, 134-5, 147, 162-3n; sentimentos emocionais, 68, 103; *ver também* sentimentos
encobertas, inteligências, 41-2
epinefrina, 87

estados mentais, 45-6, 51, 95, 106, 108, 112, 162n
eucariotas, 36t
evolução, 25-6, 39, 74, 97-8, 109, 147, 162n, 165n; humana, 162n
explicações algorítmicas da humanidade: máquinas que sentem, 146, 148; robótica, 146-7; "robótica soft", 148
exterocepção, 65

fabricação de mentes, 53
Farmer, Paul, 169n
Fields, Dorothy, 90
Finkel, Steven E., 158n
"física da mente", 52
Fitzgerald, Ella, 90
florestas, 57, 152, 161n
"fluxo de consciência", 46
"fome de ar", 85, 163n
fotossíntese, 55
Frank, Dan, 14, 155
Freud, Sigmund, 17, 139
Friston, Karl, 171
fungos, 152

Gagliano, Monica, 162n
gânglios espinhais, 80, 88, 143
Gantí, Tibor, 158n
Gaspardo Moro, Silvia, 156
Ginsburg, Simona, 166n
Grabowski, Thomas J., 163n
Graham, Jorie, 156
Granic, Isabela, 171
Gray, John, 171
Guggenheim, Barbara, 156

Habibi, Assal, 155
haicai, 13

Hameroff, Stuart, 55, 161-2n, 164n, 166n
Henning, Max, 155, 167n
híbridos, 16, 47, 50, 90, 107, 119, 127, 142, 148, 152
hipotálamo, 85, 144f
HIV, 25
homeostase, 14, 22-4, 29, 32, 44, 56-8, 67-8, 70-1, 73, 75, 85, 89, 111, 125, 139, 151-3, 163n; sentimentos homeostáticos, 65, 67-8, 82, 89, 103, 124, 130-1, 138, 162n
hominídeos, 36t
Homo sapiens, 36t
Houdé, Olivier, 157n
Hubel, David, 49, 160n
Hurley, Alexis, 156
Hustvedt, Siri, 171

"I Won't Dance" (canção), 90
imagens: mapeamentos e, 72, 152; mentais, 24, 30, 49, 84, 117, 125, 160n; produção de, 49, 84, 133, 141, 152, 160n; sensoriais, 72; táteis, 101, 141
imaginação, 40, 47, 76
Immordino-Yang, Mary Helen, 155-6, 164n
impulsos, 87, 105, 147
imunidade (sistema imune), 29, 81, 85, 87
insetos sociais, 45, 97
inspeção mental, 15, 53
integração, consciência e, 129-30, 167n
inteligência artificial (IA), 146-7
inteligência(s), 42t; disfarçada, 41-2; encoberta, 41-2; explícita, 39, 41-2; implícitas, 111, 160n; humana, 39; simples, 146-7; não explícita, 14, 29, 41-2, 53; recôndita, 41, 48, 60; sem mente, 48, 58, 162n
interocepção, 50, 65, 79-80, 88, 163n
introspecção, 17

Jablonka, Eva, 166n
James, William, 17, 46
Joyce, Gerald F., 158n
junção temporoparietal (JTP), 141, 142f

Kandel, Eric, 160-1n, 163n
Kaplan, Jonas, 155, 164n
Kauffman, Stuart, 158n
Kern, Jerome, 90
Koch, Christof, 166-7n
Kosslyn, Stephen M., 160-1n

Landini, Gregory, 171
Levin, Michael, 158n, 160n
Lewontin, Richard, 158n
lobos temporais e parietais, junção dos (JTP), 141, 142f
Loy, David, 167n

Ma, Yo-Yo, 156
Mahler, Gustav, 121
mal-estar, 15, 77, 82, 88-9, 103, 138
mamíferos, 36t, 45, 97
Man, Kingson, 155, 169n
Mann, Thomas, 121
mapeamentos, 72, 152
máquinas que sentem, 146, 148
Margulis, Lynn, 159n
Masland, Richard, 160n
Maturana, Humberto R., 159n
McEwen, Bruce S., 163n
McHugh, Jimmy, 90
membranas celulares, 42-3, 45

memória, 28, 34-5, 39, 47, 68, 105, 107, 121, 133, 142, 150
mente, 24, 27, 34, 37, 40, 45-6, 52, 55, 69, 90-1, 95, 101-3, 106-7, 110, 112-4, 116-9, 122-3, 125, 128-30, 134-5, 137, 141, 145, 147-8, 150, 152-3, 161*n*; consciente, 45, 91, 101-2, 107, 110-1, 113-4, 132, 135, 137, 141, 143-5, 150; conteúdo da, 39-40, 46; estados mentais, 45-6, 51, 95, 106, 108, 112, 162*n*; fabricação de mentes, 53; "física da mente", 52; fluxo mental, 47, 72, 113, 130, 133, 135, 167*n*; hábitos mentais, 42; humana, 95, 122, 149-50, 153; imagens mentais, 24, 30, 49, 84, 117, 125, 160*n*; inspeção mental, 15, 53; tecido da, 52, 55, 106; *ver também* consciência
mesencéfalo: substância periaquedutal mesencefálica, 88, 143-4
metabolismo, 26, 32, 81, 118
Meyer, Kaspar, 166*n*, 168*n*
microbioma, 25, 152
mielina, 79; axônios mielínicos e amielínicos, 79-80*f*
moléculas, 57, 75-7, 79-80, 84, 87
Monterosso, John, 155
Morris, Julian, 156
morte, 23, 70, 98
mundo externo, 16, 46, 76, 78, 83, 126, 152
mundo interno, 126, 152
musculoesquelético, sistema, 65, 103, 127
música, 47, 90-1, 121, 132-3, 153, 156

Nagel, Thomas, 106, 166*n*
Nakamura, Denise, 156
narrativas, 98, 103, 134-5
neurociência, 14, 155
neurônios, 15, 49, 51, 54-5, 67, 74, 79-80, 79*f*, 88, 106, 138; axônios, 79-80*f*; mielina, 79; sinapses, 79, 106
neurotransmissores, 87
Neven, Hartmut, 55, 156
norepinefrina, 87
núcleo do trato solitário (NTS), 143-4
núcleo parabraquial, 143-4

olfato, 34, 46, 50, 102, 118
opioides, 87
organelas, 42
organismos multicelulares, 23, 29, 33, 36*t*, 57, 151

paladar, 34, 46, 50, 102, 118
"pampsiquismo", 105-6
Parvizi, Josef, 156, 163*n*, 168*n*
peixes, 36*t*, 45
Penrose, Roger, 55, 161*n*
percepção, 49, 65-6, 76, 78, 101, 105, 152, 160-1*n*, 166*n*; percepções interativas, 66; propriocepção e exterocepção, 65; *quorum sensing* [percepção de quórum], 32
Pires, Maria João, 156
plantas, 43-5, 56-7, 106, 110, 137, 151, 161*n*; fotossíntese, 55
Plum, Fred, 139, 168*n*
pólio, 25
prazer, 15, 68, 77, 88-9, 95-9, 103, 138, 153
primatas, 36*t*
procariotas, 36*t*
propósito da vida, 23-4

177

propriocepção, 65
prosencéfalo basal, 88
Proust, Marcel, 17, 121
psicologia, 14, 89, 105-6, 155

quântico, eventos submoleculares de nível, 55
Quiroga, Rodrigo Quian, 171
quorum sensing [percepção de quórum], 32

raciocínio, 15-6, 24, 27-9, 39-40, 68, 85, 105, 111, 131, 145
raiva, 33, 68
Ray, Charles, 156
Reber, Arthur, 160*n*
"recôndita", inteligência, 41, 48, 60
regulação da vida *ver* homeostase
religiões abraâmicas, 98
representação, 21, 37, 67, 80, 119, 162*n*
RNA, 26, 53, 158-9*n*
robótica, 146-8; "soft", 148
Ross, Landon, 156
Rudrauf, David, 171

saber, 0, 31, 34, 157*n*; *ver também* conhecimento
Sachs, Jeffrey, 163*n*
Sacks, Peter, 156
sangue: barreira hematoencefálica e hematoneural, 80; fluxo sanguíneo, 138
sarampo, 25
Schrödinger, Erwin, 159*n*
Searle, John, 136
seleção natural, 70-1, 109, 149
sentidos (sistemas sensoriais), 34, 50, 54, 118, 152
sentimentos, 16, 24, 31, 33-4, 44-5, 47, 50, 53, 55, 61, 64-7, 69-72, 74-7, 79, 81-2, 84-91, 98, 102-3, 109, 118-9, 123-4, 128, 133, 137-9, 142-3, 147, 152, 157*n*, 162*n*, 164*n*; biologia dos, 63, 73; definição de, 68; emocionais, 67-8, 103, 162*n*; fisiologia dos, 66, 128, 138; homeostáticos, 65, 67-8, 82, 89, 103, 124, 130-1, 138, 162*n*; máquinas que sentem, 146, 148; origens, 63-4; papel na subjetividade, 76, 110, 128; primordiais, 63-4, 72, 162-3*n*; *ver também* emoções
ser, 0, 31, 33-4, 129, 157*n*
serotonina, 87
Serres, Michel, 59, 162*n*
Seth, Anil K., 164*n*
Shakespeare, William, 100, 166*n*
sinapses, 79*f*, 106
Sinatra, Frank, 90
Singer, Peter, 169*n*
Sísifo, mito de, 96
sistema imune, 29, 81, 85, 87
sistemas nervosos, 23, 29-30, 33, 71-2, 74, 152, 162*n*; sistema nervoso central, 49, 66-7, 80, 85, 88, 138; sistema nervoso periférico, 67, 80
sonhos, 115, 136
sono, 113, 136; vigília e, 115
subcorticais, componentes, 143
subjetividade, 76, 101, 110, 128
substância periaquedutal mesencefálica, 88, 143-4

tato, 46, 49, 51, 118, 141; imagens táteis, 101, 141
tecido da mente, 52, 55, 106
Thompson, D'Arcy, 159-61*n*
Tolstói, Liev, 121

Tononi, Giulio, 167-8n
Torday, John S., 171
Tranel, Dan, 156, 163n, 168n
tristeza, 15, 146
tronco encefálico, 80, 84-5, 88, 138-44, 139f, 144f, 168n
Tsakiris, Manos, 163-4n

unicelulares, seres, 14, 23-4, 36t, 42, 45, 106, 157n

Vaccaro, Anthony G., 164n
valências, 75, 77, 82-3, 98, 119
Varela, Francisco J., 159n
Verweij, Marco, 155, 165n
vício em drogas, 136-8
vida: cronologia da, 36t; propósito da, 23-4
vigília, 115
Villarreal, Luis P., 171
vírus, 25-6, 42, 48
visão, 34, 46, 49, 51, 53, 66, 76, 78, 101-2, 118, 123, 141, 150, 160n
visceral, interior, 47, 51, 65, 118-9, 127

Wagner, Richard, 118
Weingarten, Regina, 156
Wiesel, Torsten, 49, 160n
Williford, Kenneth, 171
Wilson, Edward O., 160n, 171
Woolf, Virginia, 17

1ª EDIÇÃO [2022] 1 reimpressão

ESTA OBRA FOI COMPOSTA EM MINION PELO ESTÚDIO O.L.M. / FLAVIO PERALTA
E IMPRESSA EM OFSETE PELA GRÁFICA SANTA MARTA SOBRE PAPEL PÓLEN SOFT
DA SUZANO S.A. PARA A EDITORA SCHWARCZ EM MARÇO DE 2024

A marca FSC® é a garantia de que a madeira utilizada na fabricação do papel deste livro provém de florestas que foram gerenciadas de maneira ambientalmente correta, socialmente justa e economicamente viável, além de outras fontes de origem controlada.